扫除力

找到适合自己的扫除方式

[日] 舛田光洋　著
杨媛　译

人民东方出版传媒
People's Oriental Publishing & Media
東方出版社
The Oriental Press

图书在版编目（CIP）数据

扫除力．找到适合自己的扫除方式 /（日）舛田光洋著；杨媛译．— 北京：东方出版社，2021.12
ISBN 978-7-5207-2355-8

Ⅰ．①扫… Ⅱ．①舛… ②杨… Ⅲ．①成功心理—通俗读物 Ⅳ．① B848.4-49

中国版本图书馆 CIP 数据核字（2021）第 170016 号

扫除力：找到适合自己的扫除方式
（SAOCHULI: ZHAODAO SHIHE ZIJI DE SAOCHU FANGSHI）

作　　者：［日］舛田光洋
责任编辑：贺　方　王　萌
责任审校：曾庆全
出　　版：东方出版社
发　　行：人民东方出版传媒有限公司
地　　址：北京市东城区朝阳门内大街 166 号
邮　　编：100010
印　　刷：北京文昌阁彩色印刷有限责任公司
版　　次：2021 年 12 月第 1 版
印　　次：2023 年 3 月第 3 次印刷
开　　本：880 毫米 ×1230 毫米　1/32
印　　张：5.75
字　　数：85 千字
书　　号：ISBN 978-7-5207-2355-8
定　　价：38.00 元
发行电话：（010）85924663　85924644　85924641

PREFACE 前言

这是我孩提时代的故事了。

年末，全家人照例要进行大扫除。扫除之前，爸爸给我们每个人都安排好了各自的任务：妈妈负责打扫厨房，妹妹负责打扫浴室和盥洗室，我擦窗户和打扫卫生间，爸爸自己则负责清洗换气扇和擦车。

“让我们怀着对家里所有物品的感恩之情，把这一年积存下来的污垢都打扫干净吧！开始吧！”

随着爸爸的一声令下，舛田家的年末扫除就拉开了帷幕。

我负责擦窗户，自然要先把玻璃卸下来。卸玻璃的工具都放在我家院子里的储藏间，我得先去那儿一趟。等进了储藏间我才发现，这里面太脏了。不光东西扔得到处都是，地上还积了一层厚厚的灰尘。我哪能对这种情况坐视不理呢？还是先收拾这里吧。

一番忘我地收拾之后，我才发现自己居然把储藏间里的所有东西都搬了出来。于是我决定，干脆彻底地打扫一下储藏间好了。

几个小时过去了，等我回到屋里想稍作休息时，才发现有点奇怪。

一拉开卫生间的门，我就看到了正在那里玩儿命收拾的爸爸。“咦？你怎么在打扫这里啊？”我好奇地问道。“我看你没打扫这里，就帮你打扫了嘛！”爸爸回答道。

就在我们父子俩聊天的时候，被安排去打扫浴室的妹妹从二楼自己的房间里跑了出来。“在休息吗？”妹妹向我们问道。“奇怪，你不是应该在打扫浴室吗？”我有点摸不着头脑地问她。“嗯，可是我想先打扫完自己的房间再打扫浴室啊。”妹妹回答道。我又问她，“妈妈在干什么呢？”“哦，好像在收拾衣柜吧。”

就这样，我们一家人谁也没打扫爸爸指派好的地方。

每个人打扫的都是自己喜欢的地方。

为什么会出现这样的情况呢？

因为我们全家人都是 B 型血。

本书主题就是“血型”与“扫除力”之间的关系。

你知道吗？“扫除力”能够让我们的命运发生好转。

“扫除力”包括“去除负能量的扫除力”和“吸引正能量的扫除力”。把塞满了东西、积满了污垢的房间打扫干净，把房间里的负能量都赶出去，这就是“去除负能量的扫除力”。怀着感恩之心，在房间中建立起一个充满正能量的磁场空间，这就是“吸引正能量的扫除力”。

这两种“扫除力”，会让我们的人生发生戏剧性的改变。

下面我再来说说“血型”。

很多人非常相信血型会影响到一个人的性格。人的血型包括 A 型、B 型、AB 型和 O 型。相信你一定知道自己的血型吧。

很多读者即便了解了“扫除力”，也总是难以亲身实践：不是工作太忙没时间去做，就是嫌扫除麻烦，懒得动手去做。

其实，想要实践“扫除力”的时候，只要对各种血型实践“扫除力”的诀窍有所了解，实践“扫除力”的进度就会快得让你大吃一惊。

我注意到“血型”与“扫除力”的关系也是出于机缘巧合。

我曾在一家房屋清洁公司担任代表。公司里有一个由四个人组成的扫除团队，我也是后来才注意到，这四个人居然是完全不同的四种血型。

A 型血的男士做事一丝不苟，扫除时连一个小角落都不会放过。可是也正因为他太过于在意细节，所以他做扫除总是要耗费很长的时间。不过虽说如此，他做扫除的时间和水平都能够达到平均标准。

B 型血的女士自我意识很强，能够将划分给自己的区域打扫得一尘不染。因此，在大家集体做扫除的时候，她总是要多花一些时间。不仅如此，她还非常善于为自己准备专门的扫除工具。

O 型血的男士总是第一个开始做扫除，也是第一个做完扫除的。可是，他经常做到一半就跑去休息，或者做别的事情。但无论怎样，他还是能最快完成工作。

AB 型血的男士会在扫除开始之前制订好计划并且按照计划进行扫除。只要由他来做领导，他能协调好所有人之间的关系，能制订出最有效率的计划，能让所有工作都按期完成。

没错，不同血型的人做扫除时会采用完全不同的方法。

发现了这一点之后，我阅读了大量与血型有关的书籍，也调查了不同血型的“扫除力”实践者们做扫除时采用的方法。在这个过程中，我发现可以按照一定的规则将扫除力与血型组合在一起。

当然，有的人可能会觉得，环境与后天的培养会对人的性格产生影响，我所发现的血型与扫除力之间存在的这种规则未必适用于所有人。

但是，通过我身边的朋友的实验，我对此有了明确的结论：当他们按照我介绍的适合于他们的血型的扫除方法进行扫除时，扫除的整个过程顺利得超乎他们的想象。

“扫除力”非常容易反映出做扫除者的性格和习惯。

血型会最明显地表现出一个人的性格特征。

因此，按照不同血型的特征采取不同的方法进行扫除，“扫除力”的实践效果当然会立刻表现出来。

将血型特点与不同的扫除方法结合起来，你的“扫除力”实践将再也不会失败。

只要你实践了“扫除力”中的任意一个步骤，你将亲身感受到，你的运气一天天地好起来了。

每个人在实践“扫除力”时都会有自己擅长实践的步骤和不擅长实践的步骤，将它们与自己的血型特点结合起来，会进一步提高“扫除力”的实践效果。本书将会对此进行专门的介绍。

接下来，让我们开始真正的“扫除力”实践吧。

无论是初次接触“扫除力”的人，还是在之前的实践中受过挫折的人，抑或是想进一步体验“扫除力”效果的人，请大家将“扫除力”与自己的血型结合起来，体验不一样的“扫除力”吧！

在这里，我衷心希望各位能够按照我介绍的方法更加快乐地实践“扫除力”，让自己的人生放射出更耀眼的光芒吧！

舛田光洋

目录

PART 1

明白了『扫除力』与血型的关系，一切都将不同

PART 2 不同血型实践『扫除力』的方法

PART 3

幸运接踵而至！不同血型的『能量来源场所』

PART 4 不同血型相互配合，让『扫除力』效果翻倍

PART 5 立刻体验到『扫除力』效果的绝对法则

PART 1

明白了“扫除力”与血型的关系，一切都将不同

——让你感受前所未有的“扫除力”效果

✦ “扫除力”的效果，你感受到了吗？

几天前，我收到了这样一封邮件：

“读了您的《扫除力》一书之后，我马上就开始了我的‘扫除力’实践。兴致勃勃地开始，却仅仅是随便收拾了一下房间就惨淡收场了……明明想好了要把不需要的东西都扔掉，可是真的一开始实践，又觉得家里没什么可扔的……唉，我怎么老是这么半途而废呢？”

发邮件的A女士已经结婚半年了，婚后她并没有辞掉工作，而是每天都为了工作与家庭忙得不可开交。她告诉我，她按照我的“扫除力”理论去做，实践“扫除力”也都是从早晨的开窗换气开始的，但是却完全没有感觉到自己的人生发生了什么戏剧性的变化。

“我总是下决心，明天就扔掉家里的破烂儿，整理被不穿的衣服塞得满满当当的衣柜，收拾老公乱七八糟的书架，可是每次我的计划都会无疾而终。唉，连我自己都讨厌这样的自己了。”

不仅如此，她还告诉我，虽然她目前的工作与生活都很充实，可是她还是觉得有什么地方不太满意。

承蒙广大读者的厚爱，我发现的“扫除力”被大家所认可，并且有越来越多的读者亲身投入到了“扫除力”的实践当中。但与此同时，越来越多的读者也开始向我提出这样一个问题：“从我的实际情况出发，我应该怎样实践‘扫除力’才能体验到它的效果呢？”

有的实践者遇到的问题就像A女士遇到的那样，虽然干劲十足却每次都无法坚持到最后；有的实践者虽然自己愿意实践“扫除力”，却奈何搭档或家人不配合；还有的实践者为不知道该如何指导孩子进行扫除而发愁……想要实践“扫除力”的人，真是各有各的苦恼。

实际上，从根本上来讲，实践“扫除力”的步骤非常简单，而且所有的人都能够通过实践感受到“扫除力”所带来的实实在在的改变。话虽如此，但当“扫除力”实践无法顺利进行时，我们该怎么办呢？

答案就在本书！

我在本书的前言中就已经提到过，如果你能够将“扫除力”与“血型”结合起来运用的话，你将轻松掌控“扫除力”。

对于这一点，我自己是深有体会的。

因此，当你读过了介绍“扫除力”的书并且对“扫除力”跃跃欲试时，不妨再多花一点点工夫了解一下本书中所提到的具体实践方法吧。我相信，要不了多久，你将会对自己身边的“幸福能量”的增长大吃一惊。

再说说之前提到的那位A女士吧，我询问了一下她的血型，她告诉我她是A型血。

我想大家可能也知道，A型血的人普遍比较慎重。在我看来，A型血人的这种慎重与其说是性格使然，倒不如说是思虑过多的结果。

比如说，在考虑扔掉某件衬衫时，A型血人会先想“这件衬衫是什么时候买的呢”，接着就会由此联想到“再暖和一点就能穿了”“现在可能有点过时了，不过还会再流行起来的吧”等一系列跟这件衬衫有关的事情。最后思量再三，他们还是没舍得把这件衬衫处理掉。

再比如，在对待丢弃东西这件事情上，A型血人会觉得下班回家后就开始做太累了，还不如等到周末再说。就这样，一边给自己找借口，一边拖延时间。

由此可见，要实践“丢弃”这个步骤，A型血人不是做不到，而是要花费很长时间才能做到。

说到这里大家就会明白，同样是实践“丢弃”这一步骤，A型血人就会有A型血风格的做法。接下来，我会针对不同血型的“扫除力”实践方法进行详细的说明。通过我的说明你会明白，血型对我们的性格以及思维习惯的影响大得远超过我们的想象。

明确了这一点，你将明白怎么做才能提高实践“扫除力”的效率，怎样才能最大限度地发挥“扫除力”的作用。

下面，我们就来详细了解一下不同血型应该如何实践“丢弃”“去污”“整理整顿”这三大步骤吧。

✦ 丢弃——清除负能量，焕发全新自我！

当你丢弃不再需要的东西时，变干净的可不仅仅是你的房间哦！

丢弃不再需要的东西，就意味着远离纠缠着你的那些过往。如此一来，你的心情也会变得轻松畅快。

仅仅是实践“丢弃”，那些当下困扰着你的问题就能够迎刃而解。不仅如此，你的困惑、心结，以及那些可能你自己都没有注意到的心理问题都会消失。

为什么会有如此神奇的效果呢？因为那些破烂儿和垃圾实际上就是负能量产生的源头。你清理了它们，也就等于彻底切断了厄运的来源。

但是，我知道有很多人都存在着这样的苦恼，就是明明想要实践“丢弃”却不知该如何下手。如果出现这样的苦恼，就证明存在于脏乱的房间中的那种阻止你进行丢弃的负能量太强大了。想要战胜这种负能量带来的干扰，首先要做的就是“换气”。打开窗户，将房间里浑浊的空气彻底排出去吧！

那些想实践“丢弃”却苦于无从下手的人不妨先从丢弃小件的东西做起吧。我有一个建议，就是大家在实践“丢弃”的过程中要保持这样一个念头——每丢弃一样不需要的东西，正能量就会增加一点。

在此我希望大家注意的重点是，根据不同的血型，阻止我们实践丢弃的负能量也会表现出不同的形态。了解了自己血型的特点，你在实践“丢弃”时才会更轻松。大部分人只要有过一次成功实践“丢弃”的经验，就能在此基础上将“丢弃”顺利进行下去。

当你怀着愉快的心情成功实践“丢弃”之后，前方等待着你的将会是什么呢？那将是一个不同于以往的、焕然一新的你自己。

当你将负能量逐渐赶出你的房间后，正能量就会慢慢充满你的房间。

A型

边收纳边丢弃，重树自信

扔掉自己不需要的东西，对有些人来说易如反掌，对另一些人而言却是件苦差事。

如果要列举A型血人的性格特点的话，他们最突出的性格特点就是心思缜密、一丝不苟。

在实践“丢弃”时，A型血人最容易表现出性格当中犹豫不决、优柔寡断的那一面。只要这种特质一跑出来，A型血人就会陷入到对未来的不安中去，他（她）会对着某件即将被丢弃的东西琢磨：“说不定还有用啊”“说不定哪天就用上了”……

当A型血人研究到底要不要扔掉某件东西时，他（她）的脑子里瞬间就会转换很多个念头，基本的思路是这样的：这个东西好像可以扔掉嘛→可是说不定哪天又会用得上啊→真到用的时候拿起来就用，这多方便啊→要不就留下？

好吧，那就留下吧。可是接下来他们又开始琢磨：扔掉这个东西的话，下次用还得再买新的→可是，想那么多我就没法扔掉它了→可是……

就这样，在A型血人的不断纠结中，时间全部被浪费掉了。

还有另外一个原因让A型血人难以实践“丢弃”，那就是他们对过去的难以割舍。

居住在东京都内的B小姐的先生就属于这种情况。这位先生是某制造企业的业务员，工作起来十分麻利，处理工作也是得心应手，可是在处理个人生活问题上却有些笨拙。因此无论他去哪里或是做什么，B小姐总是叮嘱他要明确做事的先后顺序，否则事情就不会顺利。另一方面，B小姐在接触到“扫除力”之后，对“扫除力”很感兴趣，多次来参加我举办的研讨会并且积极实践“扫除力”，现在已经算得上是“扫除力”达人了。

让B小姐非常苦恼的是，她家的书房里堆满了先生的文件、CD、书以及零零碎碎的各种文具。每次她为这件事批评他的时候，他总是辩解说：“我留着它们肯定是有原因的。”一点都没有要收拾这堆东西的意思。不愿意扔掉旧资料，他的解释是，“那些旧资料虽然用不上了，可是偶尔翻翻它们，就会想起自己曾经是多么努力。”不仅是资料，每一样东西他都有自己不愿意扔掉的理由。

像B小姐的先生这样，他所看到的并不仅仅是这个物品本身，而是透过这个物品看到了自己的过去，看到了这个物品背后的故事。

的确，我们可以理解这种多愁善感的情绪。而B小姐来向我咨询，也是希望能够找到既尊重她先生的这种情感，又能让他把没用的东西扔掉的方法。

为此，我向她建议，先让她先生自己把东西整理分类，分别整理出最近一年内看过、用过的东西和已经两年以上没再看过、用过的东西，要让他充分理解和明白，扔掉不需要的东西会有什么好处。

对于A型血人来说，他们往往会因为思虑过多而行动缓慢。因此，让他们自行制定出符合自己性格的丢弃计划，这样才会使他们不再迷惑并且行动迅速。

再来说说B小姐的先生吧。在接受了B小姐的建议之后，他开始以令人吃惊的速度整理自己的东西。某个周六，他从中午11点开始一直忙活到傍晚6点左右，最后整理出足足八大口袋需要扔掉的东西。

成功实践“丢弃”之后，他就像换了个人一样，只要看到B小姐积存下来的广告宣传册就会问她还有没有用，然后将它们分类处理好。在处理私生活方面，他也发挥出了处理工作时的那份决断力。

对A型血人来说，有必要让他们明白实践“丢弃”的原因以及会出现的结果。只要他们明白了这一点，剩下的事情他们自己就会妥善处理的。这就是适用于A型血人的“丢弃法则”。在成功实践了“丢弃”之后，他们也会树立起自信心。

当然，A型血人在处理其他问题时也可以借鉴他们实践丢弃时的“丢弃法则”。

总之，对A型血人而言，实践“丢弃”与加速自我转变是息息相关的。

那时候真是太好了！
回忆
回忆
回忆
回忆
盒子里装满
了我去年的
回忆！
确定规则

B型

集中丢弃，加快转运速度

我自己就是B型血，读过了血型书之后我才知道，B型血的人是喜欢沉浸在自己世界中的那种类型。

这一性格特点对实践“扫除力”既有好的影响，也有不好的影响。

从好的一面来说，B型血人在做任何事情的时候都能够集中注意力。所以，只要他们对实践“丢弃”感兴趣，他们就会一鼓作气将“丢弃”进行到底。

我自己就有过这样的经历，连着三天都在重复实践丢弃这一个步骤，这大概就是B型血人的性格使然吧。三天下来，我俨然就是个“丢弃狂”了。

但是，这种只执著于自己爱好的个性也容易走向另一个极端，那就是不感兴趣的事情连碰都不会碰一下。

也就是说，B型血人中还有另外一种类型，他们是绝对不会动手实践“丢弃”的。

对这种类型的B型血人来说，别说是家里堆满东西了，就是家里变成一个垃圾场，他们也能面不改色地应对。

因为我自己是B型血人，所以我对B型血的人的性格体悟更深。作为B型血人，他们的心理是极其复杂的，从某种程度上来说，B型血人是“丢弃冠军”，可是另一方面，B型血人又是“破烂之王”。那么，那些不喜欢实践“丢弃”的B型血人应该怎么做呢？

我自己曾经有过受益于“丢弃”的经验。实践“丢弃”为我的人生带来了奇迹，让我的命运发生了好转。因此，即使在不愿意实践“丢弃”时，我也会有意识地提醒自己去做“丢弃”这件事。这就是关键所在了。

所以说，在这里我希望大家能够明白，“丢弃”能让你发生全新的转变，能让你重获新生。

实践“丢弃”必将为你带来出乎意料的美好结果。

画家小C曾经来参加过我举办的扫除力研讨会。那个时候的她虽然还在画画，但是已经有将近一年的时间没有新的创意了。就在她觉得自己的潜力已经达到极限的时候，她发现了《扫除力》这本书。

在研讨会之后的见面会上，我向小C询问了一些关于她的画室的情况。她告诉我，她的画室里堆满了她之前的作品，现在空间非常狭小。另外，她也想认真收拾自己的家，可是无论她怎么收拾，家里供她画画的那块儿空间还是堆满了东西。

的确，听起来这种情况好像确实没办法处理。但是，正如我在之前的作品中提过的那样，无视人或者无视物品都会给我们带来不好的影响。

从小C的情况来看，她早就已经记不清楚过去那些作品的创作时间了。这些被忘却了创作时间的作品就等于是被她忽视了，在她丝毫没有觉察到的情况下，它们已经释放出负能量。

因此，我向她提出了建议，想要获得创作灵感，就先把过去的作品扔掉。

扔掉没用的东西，奔向想要的幸福！提出这样的建议是基于这样一个原则：对于B型血人来说，丢弃=获取最大利益。

B型血人的强项就在于他们知道自己想要什么。

“我试试看吧。”小C接纳了我的建议，很快就开始整理自己的画。三天后，除了几幅画了一半的画和几幅加入了她自己创意的作品之外，剩下的画都被她扔掉了。

她告诉我，当她扔掉了那一大堆东西，重新坐在通风良好的画室中时，她觉得她的画室是那样舒服，一切又变得美好起来了。

更不可思议的是，当她重新面对画板的那个瞬间，她觉得久违的灵感重新苏醒了，她又能专注地投入到创作中去了。

对丢弃不感兴趣就完全不愿意动手的B型血人首先应该明白，在实践了“丢弃”之后，就能够发现自己喜欢的、对自己有益的事情。集中精力实践“丢弃”绝对会为B型血人带来好处。所以，扔掉家里那些没用的东西，奔向你想要的幸福吧！

扔掉没用的东西，奔向想要的幸福！

O型

又快又好丢弃，人生充满活力

不拘小节的O型血人实践起“丢弃”来也可谓是相当拿手。

O型血人本性单纯，考虑问题直截了当，因此，一旦他们接触了关于“扫除力”的书并且认同其中的观点的话，他们马上就会开始动手实践“扫除力”。

O型血人在刚开始实践“丢弃”的时候还能够理智地区分哪些东西需要扔掉，哪些东西需要保留。可是等实践进行了一段时间之后，O型血人就很容易走向另一个极端——为了扔东西而扔东西。

这样一来，O型血人会沉浸在一种丢弃带来的快感之中，不管是自己的东西还是别人的东西，只要想扔掉就绝对不会手软。

我就从很多O型血人那里收到过这样的反馈：“我扔掉了足足十大口袋的东西呢”“等我检查时才发现，我扔掉的东西都有三十口袋了”。更可怕的是，O型血人在我的留言板里看到这些数字或者听别人说过这些数字之后，会更加投入地实践“丢弃”，并且还会相互竞争。

A型血人在实践丢弃时还会犹豫“这件东西以后可能还用得着……”但是这种情况绝对不会发生在O型血人身上。只要他们想扔东西就会不管三七二十一地将东西全都处理掉。一旦他们投入到“丢弃”步骤中去，别说是扔掉不需要的东西了，就是之前刚买的尚未拆封的东西他们也一样会爽快地扔掉。

我曾经问过一位与我相熟的O型血女士，连有用的东西都扔掉了会觉得麻烦吗？没想到她笑着回答说：“我连自己扔了什么都不记得了，所以没关系的。”还有一位来参加过研讨会的O型血女性也跟我说过，她本来觉得扔东西这件事没什么大不了的，所以在收拾衣柜的时候毫不客气地扔掉了大部分东西。等她回过神儿来才惊觉，衣柜里的大部分衣服都已经被她扔掉了，就剩下了屈指可数的几件。她这才觉得自己做的有点过分了。

?
改变人生
丢弃

因此，O型血人在实践“丢弃”时必须充分考虑清楚，有些东西扔掉之后会不会给自己造成麻烦。

O型血人容易过多关注眼前的或现实的问题，但是在实践“扫除力”时，O型血人必须明确一个理念：从“扫除力”的本质来说，实践“丢弃”是为了改变自我，是为了未来。

此外，O型血人不仅有大而化之的一面，也很容易对一件事感到厌倦。他们可能前一分钟还在热情洋溢地实践“扫除力”，下一分钟就突然中场休息跑到别的房间喝茶去了。

基本说来，O型血人对实践“丢弃”还是很得心应手的，但是也要看O型血人愿不愿意做了。

拿B型血人来说，如果B型血人在实践“丢弃”之后没有发现自己关心的或者喜欢的事情，那么他们就不愿意再为实践“丢弃”费工夫了。O型血人就不会找这么多的借口，他们不愿意实践“丢弃”的时候就会找“我不想做”的理由。

但是，只要O型血人愿意实践“丢弃”的话，他们就能在非常短的时间内完成。

在毫不犹豫地扔掉了大量东西之后，各种变化当然也会层出不穷地出现在O型血人的人生中。

AB型

注重丢弃效率，提高人生效率

具有天才气质又充满理性的AB型血人容易给人一种冷酷的印象。由于AB型血人的性格中兼有A型血和B型血的特质，所以人们普遍认为AB型血人的协调能力很出众。

AB型血人做任何事情之前都会制订出一个周密的计划。当然，做扫除也是一样的。比如，他们会计划先打扫家里的用水场所，然后集中扔掉屋里所有的垃圾，接下来进行去污，几点开始做什么，几点结束，接下来又做什么……像这样，他们会对所有需要做的事情做一个全盘的统筹规划。

实践“丢弃”时的标准是某件东西“是否需要”，AB型血人能够非常轻松地参照这个标准做出客观的判断。

不仅如此，AB型血人还非常注重效率，因此他们会制订出非常完备的计划。在实践“丢弃”方面，AB型血人也会妥善考虑如何才能更有效率地完成，并以此为目标制订出计划，再按照计划办事。

如果AB型血人完全按计划做事的话那就非常完美了。不过，实际情况却并非如此。

我之前已经提到过，AB型血人还同时具有A型血和B型血的特质。

当B型血的特质占了上风的时候，AB型血人就会以麻烦为借口停止“丢弃”实践，转而去做别的事情。也许在别人眼里AB型血人的这种做法有点不可理喻，但是实际上这种行为很好理解，他们可能开始对“丢弃”实践失去兴趣了。当然，还有另外一种可能，AB型血人之前制订的计划太过缜密，实践过程中却发现自己的某个计划可能根本就行不通。这样一来，他们就会觉得失落，当然也就停下手上的工作了。

的确，制订缜密合理的计划是AB型血人的强项，但是实践过程却完全没有必要被计划束缚住。

曾经跟我共事过的一位朋友就是AB型血，他就常常在制订出完美的计划之后又突然放弃自己的计划。但是当他理解了“扫除力”的实质之后，他就能够因时因事地调整自己，使自己能够顺利地完成工作了。

我给AB型血人的“丢弃”实践的建议是，不要让自己被计划所左右。做到了这一点，AB型血人才能实现真正意义上的重获新生。

去污——烦恼走开，压力Bye-bye！

相信丢弃已经让你发生了转变，接下来就开始实践“去污”吧。

房子在刚修好的时候或者你刚搬进去的时候都是干净的，住得时间久了房子就会变脏。这就说明，原本干净的东西随着时间的推移都会变脏。因此，想要让房子重新恢复干净的面目，我们就必须除掉遮蔽了“干净”的那些污垢。

完美的
日程安排
1 打扫
2 整理
3
4 丢弃
5 分类整理
6 整理（卧室）
7
A型血
查查资料
B型血

烦恼之于幸福也是如此。我们本来应该幸福地生活，但是烦恼却阻碍了我们的幸福，让幸福被不幸取代。

当你被烦恼包围的时候，实践去污会有一个明显的好处，就是帮助你从烦恼中解脱出来。人不可能同时做两件事，当你全神贯注地和污垢“作战”时，你就顾不得什么烦恼了。

此外，实践去污还有一个作用，就是当你有意识地关注自己去污的行为时，你会找到自己烦恼的原因。你将体会到污垢（烦恼的原因）随着去污实践的进行而消失、一切都变干净之后的那种畅快的感觉。在那一刻，我相信你的某些想法也会发生180度的转变。

通过实践“扫除力”，你将深切地感受到人的心情和行为是可以互相影响的。

每当我有烦恼的时候，我都会选择刷浴缸或者打扫卫生间。心烦的时候，满脑子想的不是责怪别人就是责怪自己。这种时候只要一开始进行去污的工作，脑子里那些乱七八糟的念头就会渐渐消失。在去污的过程中，我会逐渐忘却烦恼，并且开始觉察到自己的愚钝，渐渐也会明白烦恼会给我带来损失。

总而言之，去污能够帮助我成功地摆脱烦恼。

想要去除杂念，擦地或者清洗马桶都有效果。通过去污，你能够客观地审视现状，能够反思自己的行为，你会去想“我认为自己没错，但是真的是这样吗？可能对方当时状态也不好吧”。这样一来，你将学会换位思考，从而理解对方。你可能会想到，“昨天他（她）可能是工作太辛苦了，有点焦躁，所以才说了过分的话”。理解了对方，你就能原谅对方。在原谅对方的一刹那，你的烦恼也将消失得无影无踪。

这些现象都是在去污的过程中经常会发生的。

在这里我要告诉大家，通过去污，你将拥有一种解决人生中基本问题的能力。

实践去污时，在了解自己血型特点的基础上进行实践会帮助我们取得最佳的效果。接下来，我就分血型进行详细说明吧。

A型

去污瞬间提升解决问题的能力

在意别人看法的A型血人大部分自诩“爱干净”。

当然，从实际情况来看，大部分A型血人都能够做到认真对待扫除，时刻保持房间的整洁。

在这里说句题外话，据说佛祖释迦牟尼就是A型血人。大概也是由于这个原因，佛教的经典才让人感觉那么体系严明、细致缜密。

不说佛祖了，我们来说说其他的A型血人吧。A型血人注重房间的整体印象，因此，如果房间没有一个统一的布局的话，A型血人就会住得不舒服。由于在乎整体，所以A型血人对细节也格外注意。比如说，A型血人只要扫一眼客厅，就能发现客厅里的窗帘挂偏了，或者哪里弄脏了，然后他们马上就会将窗帘调整好，把脏的地方收拾干净。可能也是因为这样，A型血人才会让其他血型的人觉得刻板。

不仅如此，A型血人只要打扫干净一个地方，就能够很好地保持住这份干净。

举例来说，如果A型血人在厨房烹饪了非常油腻的食物的话，他们会马上把煤气灶擦干净。对A型血人来说，只要他们制订出了“扫除守则”，他们就会心甘情愿地遵守。也正因如此，他们才能很好地维持住家里干净整洁的状态。

A型血人善于按照自己制订的去污准则实践“去污”，保持家里的干净。比如，他们会规定自己一用完厨房之后马上收拾，两天用一次吸尘器，早上起床后先用吸尘器吸灰尘等。

对A型血人来说，去污的效果就在于保持房间的干净，维持他们心中的平和、安宁。因此，如果“去污”实践进展顺利的话，A型血人那种立足全局、客观地解决问题的能力会瞬间得到提升。这样，不管遇到什么样的烦恼，A型血人都能够顺利解决。可以说，在所有血型中，A型血人的总体统筹能力是最棒的。

在打扫干净的房间里
心情都不一样了！

B型

彻底去污，压力走开

据说耶稣基督就是B型血人。

基督教的信条是“爱”。那种肯花费三年时间，只为了说服人们去爱的事情也只有做事时全神贯注的B型血人才做得出来，也正因如此，“爱”才成为了基督教两千多年以来一直信奉的信条。所以，集中注意力做事的B型血人是很强大的。

实践“去污”或“擦洗”的步骤时都要求实践者的专注。从这个意义上来讲，这两项作业对注意力集中的B型血人来说最适合不过。

只要B型血人想把屋子收拾干净，他们就能把屋子打扫得一尘不染。不过，B型血人一般只做自己感兴趣的事情。

我就是B型血人，在这一点上我最有发言权。

B型血人对自己感兴趣的事情会埋首钻研，对不感兴趣的事情碰都不会碰一下。但是生活在这个社会当中，现实绝对不会允许B型血人只挑喜欢的事情做，哪怕再不情愿，有的事情也是必须要做的。所以，在现实社会中压力最大的大概就是B型血人了。

“去污”和“擦洗”对B型血人缓解压力最有效果。

去污本来就具有帮助人消除杂念、去除烦恼的作用。做事时注意力集中的B型血人集中精力去实践“去污”时更能达到放松身心的效果。

我就有这样的体会。在外面做了不喜欢的事情，有了压力的时候，一回到家我就会什么都不想，一言不发地开始打扫卫生间。在擦洗卫生间的过程中，我会重新审视自己。

有烦恼的时候，不妨选择擦洗家中的某一个地方吧。如果选择擦水龙头，那就心无杂念地将水龙头擦到闪闪发亮为止吧。在擦洗的过程中，心情自然也会豁然开朗起来。

对B型血人来说，全神贯注地投入到“去污”实践中，就能将去污的效果发挥到极致。

集中精力！

O型

去除污垢，回归真我

想好了就马上行动，做出了决定就会全力以赴，这样的O型血人无论是对待工作还是对待游戏，都会将全部精力投入其中，直到筋疲力尽为止。

正因为如此，O型血人留给自己的“回归自我”的时间少之又少。

“去污”实践具有帮助人审视内心、去除杂念的作用。所以，实践去污能够非常有效地帮助O型血人“回归真我”。

有意识地为自己安排实践去污的时间，这样能够看清自己内心的真实想法。对于平时忙忙碌碌的O型血人来说，去污能够帮助他们暂停匆忙的脚步，好好审视一下自己的内心。

我的一位相识已久的好友就是O型血人。他在外面工作时绝对是一个“实干派”，但是一回家倒头便睡，而且一睡着就让人觉得他好像不会再醒过来一样。无论在家时怎样，

去除污垢
回归真我！

一投入工作他马上就能发挥出全部的能量。他受过很重的伤，偶尔也会生病，可是就算如此，他也绝不会休息。

大部分情况下，肯耗尽精力去做事的人都是O型血的。想想看，就算是机器，持续不断地运转都会有损耗变坏，何况是人呢！如果不让自己休息，不及时调整自己，那么就无法以最好的状态做事。

因此，O型血人平时应该有意识地通过实践去污来让自己的身心得到休整。

及时放松自己，才能让自己永远处于最佳状态。

AB型

只需有意为之，收效令人吃惊

AB型血人实践去污时就如同他们实践丢弃时一样，都是效率优先。

根据效率优先的原则，AB型血人会制订出完备的计划。对实践“去污”也是如此，AB型血人会有自己的判断标准。

但是在这里我希望AB型血人能够明白，单纯地做扫除和在意识到“扫除力”的基础上做扫除，二者所取得的效果是有天壤之别的。

重视效率的AB型血人的“去污”实践很容易就变成了为去污而去污。而实际上，同样是花费30分钟实践“去污”，单纯地去污和在去污过程中有意识地感知自己内心的变化，二者所取得的效果完全不同。

因此，AB型血人在实践去污时最需要做的是有意识地感知自己的心理变化。这样他们才能发现自己过去从未注意到的地方以及自己新的魅力。

作为O型血人来说，只要他们知道做某事会有某种收获，他们就会马上采取行动。而AB型血人却不会简单为某种好处所左右。

我的一位AB型血的朋友就是这种类型。

在一次和太太争吵后，他在很偶然的情况下开始打扫厨房。刚开始擦洗厨具时，他还满心都是对妻子的埋怨。可是在擦洗的过程中，他忽然想起了妻子那双因操持家务而变得皴裂粗糙的手。他后来告诉我，在那一刻，他热泪盈眶。然后，他一边流泪一边继续收拾厨房。

那次之后他才发现，去污能够帮助人们在遇到问题时看清自己的内心。

这对他来说算得上是一个重大发现了。他开始明白，带着审视内心的心态实践“去污”会让人生变得更加顺利。

在“去污”实践的作用下，他们夫妻之间能够更好地相互理解了，争吵也能很快得到平息。有了这样的现实基础，他开始相信“去污”的力量了。

在尝到了“去污”实践带来的甜头后，他才首次承认：“托去污实践的福，问题很快就解决了。这才是我想要的效果嘛！”

看吧，这话才符合AB型血人的风格啊！

过于重视效率的话，原本能顺利进行的事情也会出现问题。所以，AB型血人何不趁着实践“去污”的机会，改改自己的这种个性呢？

妻子的手
开裂了

整理整顿——明确自己的人生目标和应有的生活态度

“整理整顿”，就是把东西放到该放的位置上的行为。

从我的个人经验来说，有的时候我会十分投入地进行整理整顿并且圆满地完成我的工作；而有的时候我又因为太忙没时间做整理整顿，最后家里弄得乱七八糟。不过，我是非常清楚自己不做整理整顿的原因的。

不愿意做整理整顿，是因为某些原因让我迷失了自我，因为我没有想清楚在日常生活或工作中哪些事情是值得我去做的。

知道了自己想做什么之后，就会开始寻找需要的道具，当发现这个也没有那个也没有的时候，大脑就会一片混乱，就会忘记对自己来说最重要的东西。

举例来说，有时我想改改某份稿子的时候，这份重要的稿子却遍寻不见。为了找到它，我要费好大一番工夫。

让人感到迷惑的那种能量实际上是一种负能量，它会让人变得焦躁不安。当你满心焦躁地找到你需要的东西时，你可能就没心情按原定计划去做了。

想要战胜这种让你迷惑的能量的话，就要依靠“整理整顿”了。

单纯地通过“整理整顿”将房间收拾干净并不难，难就难在你要通过“整理整顿”明确自己的人生目标和应有的生活态度。

因此，完成了整理整顿，你也将明确自己应该做的是什么。我想，大部分成功者都能将自己周围的一切打理得井井有条大概就是这个原因吧。

在一次演讲之后，一位在企业里工作的女士就整理整顿向我提出了这样一个问题：“我自己觉得我对整理整顿还是挺在行的，什么东西放在什么地方我都很清楚。我觉得自己这样并没有给工作造成障碍，可是在办公室里还是有同事劝我把自己的东西收拾收拾会比较好。这让我压力很大，是我的做法有问题吗？”

在我看来，只要找到适合自己的整理方法并且将这种方法变成固定规则就可以了。

别人的看法固然重要，但最重要的还是明确自己的目标。在其他人看来，这位女士的办公桌抽屉可能并不整齐，但是实际上，他们需要做的是充分尊重这位女士的个人习惯。

大多数A型血人都有和这位女性相同的经历，其中的大部分人都是因为自己的风格不被别人理解才感到苦恼的。

所以，请在完全理解了“整理整顿的目的是为了认清事物的本质”这一点之后再开始整理整顿吧！

A型

明确整理整顿原则，人生也变顺利

如果A型血人知道做某件事会给他们带来好的效果的话，他们就会把做这件事当作一种准则，并且会坚持去做这件事。

因此，能够顺利实践“丢弃”和“去污”的A型血人也一定能够顺利实践“整理整顿”。

做任何事都需要理由的A型血人在读过介绍“扫除力”

的书之后，很可能首先就从实践“整理整顿”开始实践“扫除力”。

有一位A型血的女性虽然不擅长实践“丢弃”，但是当她开始“整理整顿”之后，肯定只会留下需要的东西，然后非常轻松地将其他东西都处理掉。

此外，A型血人无论对过去的事情还是未来的事情都喜欢做一系列的联想，所以他们在处理某件事情的时候可能一瞬间脑子里就会闪过无数个念头。这种思考时的连锁反应在他们实践“整理整顿”时也同样会出现。

A型血的小D就告诉过我她的亲身经历。

比如，她在收拾书架的过程中偶然发现了一本烹饪指南，她的一系列心理活动就此拉开了帷幕：哎呀是烹饪指南呀！最近我好像把很多事情都荒废了呀→偶尔也要给自己做顿好吃的嘛→要做饭的话，把厨房再收拾干净点比较好吧→决定了，我今天就打扫厨房→还是先把书架收拾干净再说吧→还是打扫厨房吧！

就这样，等她回过神儿来的时候才发现，自己已经开始对厨房进行整理整顿了。

接下来，为了让厨房看起来更整洁，她又开始收拾紧挨着厨房的餐厅……最后她才发现，不知不觉中自己已经把所有的房间都整理了一遍。而这种整理整顿却是源于“想做顿好吃的”这样的初衷。

从这个初衷出发，她完成了厨房的整理，打扫干净了整所房间。最终，她在充满了正能量的房间里吃到了自己做的美味食物。

像这样，在她的心中形成了“这样做之后就会变成这样”的规则之后，不仅使扫除变得顺利，她的整个人生都会因此而一帆风顺。

我是B型血人，我是绝对不会以小D那样的方式去思考问题的。听了她的讲述之后，我觉得非常新鲜有趣，而且觉得这果然是能够准确分辨“原因”与“结果”的A型血人的做事风格。

在我看来，对A型血人来说，“为了吃到美食就要先打扫厨房”就是一种“追根溯源”，是一种对目标的探究。明确了目标，他们就能顺利完成整理整顿。

好想做饭啊！
学习菜谱
Cooking
真想在打扫得
干干净净的
厨房里做饭！
先开始打扫厨房吧！

也就是说，如果没有预期目标而直接从实际着手，以“必须要好好整理房间”为由来做整理整顿对A型血人来说是行不通的。即使真的着手去做了，心里也肯定是不情愿的。

在刚才提到的小D的例子中，她是从厨房开始整理整顿的。对A型血人来说，找到做整理整顿的原因，按照自己的想法去做整理整顿，不仅能够顺利完成整理整顿，还会让自己的人生目标也变得清晰起来。

B型

集中实践“整理整顿”，早一步达成人生目标

过去，我的左右两边的书桌抽屉里完全是两种不同的景况。

作为“扫除力”提倡者，我也知道应该把两边的抽屉都收拾得一样整齐。可是由于我喜欢的东西都放在右边的抽屉里，所以我收拾右边抽屉时格外专心。相反，收拾左边抽屉时我自然就有些敷衍了事了。

对B型血人来说，他们只会集中精力做自己感兴趣的事。

所以当听到B型血人对我倾诉“我在公司里的办公桌收拾得很干净，可是家里的写字台就总是乱糟糟的”这样的烦恼时，我马上就会感同身受地回应：“理解，理解。”

如果B型血人对“为什么要做整理整顿”没有一个明确的概念的话，他们绝不会动手进行整理整顿。当然，他们也绝对不会因为别人下了“把这收拾干净”的命令就动手干活。

拿我自己来举例吧。我喜欢书，所以我最喜欢整理的地方就是书架。整理书籍能够让我客观地审视自己的想法，如此一来就会进一步催生我读书的愿望。有了读书的愿望，这个愿望就会促成我尽快开始读书。

从本质上来说，B型血人属于那种非常明白自己喜欢什么、想做什么的类型。即便是起初不愿意做整理整顿，随着整理整顿的进行，他们会马上发现整理整顿能帮助自己明确人生目标这个优点。等到体会到整理整顿结束后的那种畅快感之后，B型血人就会马上变身为“整理达人”。

我原来也是那种对不感兴趣的事情不闻不问的类型。但是有一天，当我将自己的写字台抽屉（里面放着文具）收拾

喜爱读书
经常整理书架
原来这本书在这儿……
让自己更喜欢读书
想读更多的书
Let's go!

利索之后，在看到什么东西在什么位置都一目了然的那个瞬间，我简直是欣喜若狂。

像这样，发现了整理整顿的好处之后，实践“整理整顿”非但不会再让我觉得痛苦，反而成为了我的一种享受。

首先，集中精力对较小的场所进行整理整顿，从中体会整理整顿的乐趣吧！你会发现，整理整顿不但不难完成，还会让你的人生目标也变得更加明确！

O型

明确自己的所思所想后再实践，效果更佳

A型血人可以在明确原因的基础上从较小的场所开始实践整理整顿，O型血人就绝对做不到。

在我看来，O型血人中的绝大部分都是非常有行动力的。当他们在心中对自己想做的事情有了一个大致的抉择后，他们马上就会朝着自己所决定的方向奋勇前进。

因此，我给O型血人的整理整顿建议是，首先将物品进行粗略的区分就可以了。这样做之后，O型血人就会在心中梳理出自己所追求的到底是什么。

接下来，将大略区分开的物品进一步分解成几部分，再将每一部分都进行大致的归类。在这样不断循环前进的过程中，O型血人最终将发现对自己来说最重要的是什么。

“将必须做的事情分解成一个个小步骤来做”，这就是O型血人成功实践整理整顿的秘诀。

我的朋友小E是O型血人，她就是一位“扫除力达人”。她告诉我，她在整理书架时做的第一步就是将家里所有的书和杂志都归拢到书架上来。完成了这个步骤之后，看到家里零七碎八的东西都不见了，心情也会跟着好起来。接下来，按照类别将杂志做一次分类，下一步再按照书名进行分类。随着分类作业的推进，自己想做的事情以及在整理的开始阶段被忽略掉的事情都会渐渐变得具体、清晰起来。

在这里需要提醒大家注意的是，大部分O型血人在完成上述步骤一之后就结束了整理整顿。进行整理整顿的重点在于，不要单纯地只收拾东西，要在整理整顿的过程中明确自己的目标！

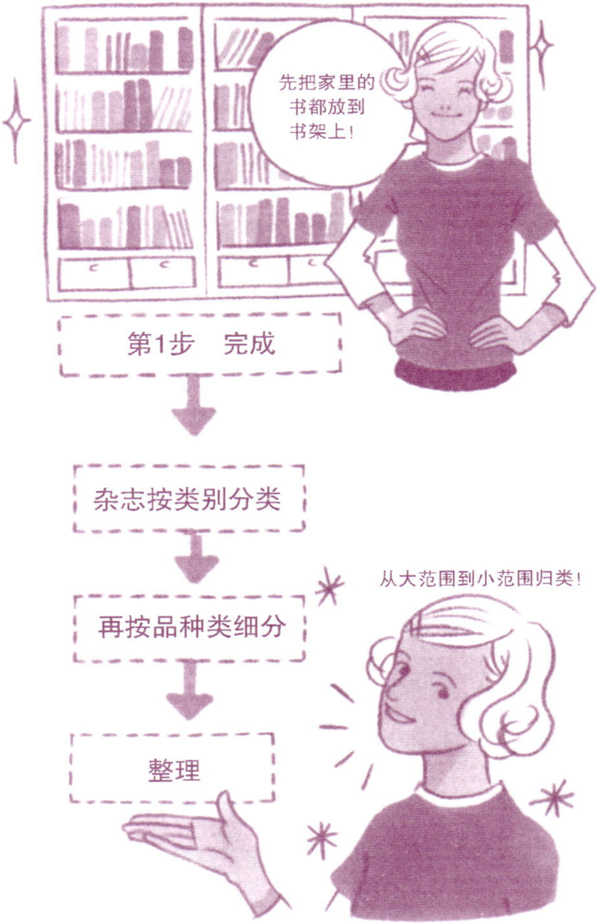
先把家里的
书都放到
书架上！
第1步　完成
杂志按类别分类
从大范围到小范围归类！
再按品种类细分
整理

AB型

首先明确自己实践“整理整顿”的目的

AB血型的人重视效率，做事有计划。但是另一方面，一旦他们不坚持按计划做事就会无法完成自己的目标。

对AB血型的人来说，自己身上既有追求完美的一面，也有无法坚持目标的一面，这种矛盾会充分体现在AB型血人的房间里。也正是由于这个原因，当AB型血人按照自己的风格整理完房间之后，他们依然会觉得哪儿好像不太对劲。

出现这种情况，并不是个人能力的问题，而是太拘泥于整理整顿的形式和以“完美实现整理整顿”为目标造成的。

说起来，最能认同“东西要放在该放的地方”这个观点的就是AB型血人了。但是，等AB型血人真正动手实践整理整顿的时候，他们往往又做不到这一点。

总而言之，“东西要放在该放的地方”并不仅仅是指对物品进行外在形式上的放置和整理。它更深层的含义是，整理者需要明白自己为什么要将这件物品放在这个位置。不能明确这一点的话，你就无法合理安排这个物品的位置。这样一来，你需要用它的时候还是会觉得不方便。

实践整理整顿的目的是要明确哪些事情是自己应该做的。因此，在整理整顿的过程中，要考虑清楚每件物品放在哪个位置比较好，以及为什么要放在这个位置。换一种说法来讲，这也是一种放置物品的训练。

从本质上来说，AB型血人具有非常出众的协调能力。当他们身上具有的A型血的优势和B型血的优势同时发挥出来时，整理整顿实践将会进行得非常顺利。

因此，AB型血人可以参考本书中介绍的A型血人与B型血人的注意事项，吸收其中的精华部分，在此基础上实践“整理整顿”。这样就能够解决AB型血人为理想与现实的差距而苦恼的问题了。

AB型血人要注意，先不要以实现大范围的整理整顿为目标。以完成较小场所的整理整顿为目标，这样才更能集中注意力，圆满完成整理整顿。

整理练习
玄关
起居室
酒架
浴室
起居室
书架

PART 2

不同血型实践“扫除力”的方法

——愉快实践，运气好转

带来幸运的“扫除力”——只需有意为之，收效必将翻倍

“扫除力”由“去除负能量的扫除力”和“吸引正能量的扫除力”两个部分组成。在认识到这一点的基础上再进行扫除，你的人生将会发生戏剧性的变化。

由“换气”开始，经过“丢弃”“去污”“整理整顿”这几个步骤之后，你房间中原有的负能量就彻底被“清零”了。

在此基础上，怀着感恩之心，在房间中创造出一个温馨的正面磁场空间吧！这样一来，正能量就会逐渐向你靠拢过来。

在本书第1章中，我已经为大家详细介绍过，实践“去除

负能量的扫除力”的不同步骤会收到不同的效果。在这里我们再来温习一下：

实践“丢弃”，你将发生一系列全新的转变。

实践“去污”，你解决问题的能力会有所提高。

实践“整理整顿”，你将更加明确自己的人生目标。

像这样，实际行动会为你的心理和人生都带来变化。

在实践“扫除力”的过程中，每个人都会有自己擅长或不擅长实践的步骤：有的人实践“丢弃”得心应手，嫌“去污”太过麻烦；有的人实践起“整理整顿”来能达到忘我的境界，却怎么都不愿意动手把不需要的东西扔出去……

那些你不擅长做的事情，也许正暴露出了你本身存在的问题：对“丢弃”大感头痛的人可能无法发现自己的个人魅力；为“整理整顿”苦恼的人可能找不到自己的人生目标……

因此，在本章中，我将针对不同的血型介绍不同的扫除方案。根据这些扫除计划实践“扫除力”，你将收获你所期望的转变。

这里介绍的方案并不仅仅适用于自己，那些希望自己的家人也发生转变的读者也可以以此为参考。

在按照我提出的方案实践“扫除力”之前，请务必认真考虑一下这两个问题：如何能将“扫除力”实践愉快地坚持下去？实践“扫除力”能否为自己带来幸福？

当然，“换气”依旧是所有实践的基础步骤。

早上一起床或者开始实践“扫除力”之前，请一定要开窗换气。

想要吸引正能量到来，关键在于打好基础。所以，请打开窗户，将房间里的负能量都赶出去，充分感受扑面而来的沁人心脾的新鲜空气吧。

A型

设定理想中的自己，实践也变顺利

A型血人考虑问题很细致，无论是事物好的一面还是坏的一面他们都会毫无遗漏地考虑到。因此，在做扫除时，A型血人也会瞻前顾后，在实际动手前浪费大量的时间。

不仅如此，A型血人做扫除时还可能会出现这样一种情况：比如说他（她）想好了今天要把客厅里不需要的东西都扔掉，于是就开始收拾客厅。在这个过程中，他（她）可能无意识就瞥见了某本放在桌子上的书。这个时候他（她）又会觉得应该把书放回书架上去。等把书放回书架，他（她）又会想到干脆把书架整理一遍吧……就这样，最初想打扫的地方和最后打扫干净的地方完全不一样。

很多A型血人总是匆匆忙忙地开始实践“扫除力”，做不了多久就半途而废。在这种情况下，最好的解决方法就是缩小实践“扫除力”的范围。从小的地方着手做起，在小范围内完成“扫除力”实践，这样就能免去因选择的实践范围太大而无从下手的麻烦。

完成了一次规模较小的“扫除力”实践之后，这种成功的经验就会储存在A型血人的脑子里。下一次，不用谁专门提醒，他（她）也能自觉地保持家里的整洁。

也就是说，只要A型血人制定出了可行的“扫除规则”，接下来他（她）就能严格地执行。

此外，A型血人注重整体印象，也因此格外关注细节。这种对细节的关注有利于A型血人实践“扫除力”，从细部着手，A型血人的“扫除力”实践会更加顺利。

决定了“扫除规则”并且将它付诸实际行动之后，想要进一步实践“转运的扫除力”的时候，在“扫除规则”的基础上明确自己的目标再开始实践会更有成效。

在“扫除力”实践开始前，请明确这样两点：我为什么要做扫除？我做扫除是想让自己发生怎样的转变？

对A型血人来说，如果不想再被评价为邋遢，希望以后能得到“爱干净”的评价的话，不妨公开告诉别人，“我是个爱干净的人，我的房间也总能收拾得干净整洁。”这样一来，A型血人就会遵守自己说出去的话，一定会把房间收拾得清爽利落。房间变干净之后，A型血人会获得一种安心感，并且能时刻保持一种良好的状态。

与其他血型的人相比，A型血人在动手打扫房间之前会耗费更长的时间。但是由于A型血人有很强的遵守决定的意识，所以最终他们也能够很好地完成“扫除力”实践。

A型血人专用扫除计划

1. 换气

2. 确定目标

你想要成为什么样的人呢？请首先明确这一点吧。

明确知道“自己是为了什么开始扫除的”这一点之后，在遇到困难的时候，你才能迸发出巨大的能量来。

3. 整理整顿

A型血人最擅长的就是把东西都放回该放的地方。把东西按照是否需要的标准进行分类之后，将它们都放到该放的地方吧。进行完这一步骤后，你会发现有的东西是放不下或者收拾起来比较麻烦的。没关系，那就不要再勉强收拾这些东西，将它们当作“丢弃”名单里的“候补队员”吧。

4. 丢弃

经过整理整顿之后，哪些东西不再需要就变得一目了然了。扔掉这部分东西对你来说再简单不过了。

在这里还要告诉大家一个让丢弃进行得更顺利的小技

巧，就是你在丢弃这些不需要的东西时，要有意识地告诉自己，这些东西会释放出负能量，你是为了清除负能量才将它们扔掉的。这样一来，实践“丢弃”的顺利程度会让你大吃一惊。

5. 去污

最后一个步骤就是去污了。一定要把那些用可以发光的材料制成的制品擦洗干净，让它们闪闪发光吧！这种光亮会让你和他人都感觉到幸福。在擦洗的过程中想象着看到它们变干净时的那种喜悦的心情吧，这样一来，你的快乐也会传导给这些物品，你自己也会收获更大的快乐。试试看吧！

B型

从最想打扫的地方开始，收效显著

B型血人的性格特征中最引人注意的一点就是，他们能够集中精力做一件事，并且在此过程中充分发挥出自己的实力。

B型血人在做自己喜欢的事情时能够做到全神贯注，因此，B型血人实践“扫除力”的要点也是先做自己喜欢的步骤，或者先打扫自己喜欢的地方。

就算是书上已经安排好了扫除的顺序，只要B型血人不感兴趣，他（她）就完全不会理会这个顺序。因此，B型血人在实践“扫除力”时完全不必拘泥于已有的程序，只要从自己感兴趣的地方开始做起就可以了。只有这样，B型血人才能在最短的时间内赶走负能量，吸引来正能量。

还有一点需要注意，就是B型血人不喜欢被人强行安排去做什么。

在本书前言里我已经提到过，我们一家人都是B型血，因此，每次扫除前做的任务分派基本上都是白费工夫。扫除开始前安排好了爸爸做什么，妈妈做什么，孩子们做什么，也划分好了各自的扫除区域，可是最后大家谁都没有按照安排来做——我们全都在忘我地打扫自己喜欢的地方。

因此，如果家庭成员中有人是B型血的话，扫除前最好先问清楚他（她）自己想要打扫什么地方，再派他（她）去打扫他（她）自己喜欢的地方就可以了。B型血人只有在自己喜欢的地方才能快速建立起一个正面磁场。

有一点我会在本书第4章的不同血型组合中详细介绍到，但是在这里我要先提一下，就是在扫除的一个步骤完成之后，B型血人要为自己设定好下一个想要打扫的地方，或者要实现的目标。即使接下来要打扫的地方是B型血人不喜欢的，只要他（她）从刚完成的扫除中发现了乐趣，他（她）也能以惊人的速度完成那里的扫除。

此外，准备好齐全的扫除工具，让B型血人的扫除热情得以提升，让燃烧的干劲得以持续才是完成扫除的关键所在。所以，决不能仅仅满足在准备好扫除用具的那一刻哦！

B型血人专用扫除计划

1. 换气

2. 确定计划

从“丢弃”“去污”“整理整顿”中选择最想做的、接下来想做的，并且排出一个顺序来。然后，就从家里自己最喜欢的地方开始执行确定好的扫除计划吧。

3. 按照自己的想法去做

彻底清扫干净自己最想打扫的地方之后，找到自己新的感兴趣的事物，弄清楚自己想做的事情，明确自己的人生目标。

O 型

大胆行动，变化转瞬即至

无论是打扫客厅还是打扫卧室，善于把握全局的O型血人都能够马上觉察到扫除前后的房间变化，这种变化会进一步激发他们实践“扫除力”的热情。

同时，由于大部分O型血人都是那种一旦决定了做某事就一定要一口气做完的类型，所以在这里我有个建议，找一个时间非常充裕的日子，在这一天里尽可能将能做完的扫除全都做完。

对O型血人来说，实践“扫除力”首先从实践“丢弃”步骤开始比较好。

为什么呢？因为实践“丢弃”能够让O型血人最直接地

感受到房间的变化。

大部分实践过“丢弃”的“扫除力”实践者都向我反映，“扔掉了那些不需要的东西之后，感觉连心情都变轻松了。”为什么会产生这种感觉呢？在实践“丢弃”之前，房间里堆满了各种多余的东西，放眼望去就好像房间里多了座小山一样；“丢弃”工作完成后，空间变大了，视线开阔了，截然不同的两种视觉效果自然会让人的心情发生相当大的改变。

仅仅是实践“丢弃”步骤，所获得的成功就足以让注重结果的O型血人相当有成就感。所以说，实践“扫除力”先从实践“丢弃”开始会最大限度地激活O型血人的扫除热情。

但是，做事情时喜欢“中场休息”也是O型血人的特点。他（她）可能上一秒钟还在拼命干活，下一秒钟就像泄了气的皮球一样什么都不愿意做了。

如果出现这种情况，那就不要再勉强自己，干脆停下来做一个彻底的放松吧。这个时候“必须做完”的念头只会带来负面效果：不但会让O型血人讨厌扫除，还会降低他们做扫除的动力。

在短暂的休息之后，再次充满干劲地投入到“扫除力”实践中去吧！就算只是一个短暂的午觉都会让O型血人重新充满活力。像这样，扫除与休息相结合，能量也能够不断得到恢复，最终“扫除力”实践一定会圆满完成。

O型血人专用扫除计划

1. 换气

2. 制订计划

选择时间相对充裕的日子进行扫除，可以是周末，也可以是下班较早的某天。当然扫除时间并不仅限于此。想做扫除的时候随时都可以开始。趁着活动身体的机会开始扫除也没问题。

不想做扫除的时候就不勉强自己。把扫除当成任务不但不会提高你做扫除的热情，反而会让你做完一次扫除之后彻底不愿意再做扫除。可以先去做别的事情，直到提起做扫除的兴致之后再接着做扫除。

3. 丢弃

O型血人实践“扫除力”时最拿手的就是这个步骤。从做起来最顺手的地方开始，把不需要的东西都收拾出来，然后逐渐扩大范围。但是请注意，千万不要一激动就把需要的东西也一并扔掉。

4. 整理整顿

完成了丢弃，把剩下的有用的东西好好整理一下吧。用心去做，将每样东西都放到该放的地方去。

5. 去污

O型血人做事喜欢从大范围着手，因此对比较细节性的工作往往会感到力不从心。“去污”环节比较考验人的耐性，因为会有不同的物品，脏的程度也各不相同，而且又是以比较细小的东西为对象，所以做起来会费一些工夫。

如果在去污过程中觉得麻烦，不想再做下去的话，可以像我之前所说的那样，先休息一下然后再接着做，这样才能最终完成去污。

AB型

无须严格遵守计划，按顺序进行就OK

AB型血人总是从客观角度出发来描摹自己的理想，因此在实践“扫除力”时，他们会先在脑海中设计出最有效率的方案，然后才按这个方案着手去做。

能够制订出最符合自己风格的计划，再按照计划按部就班去做当然再好不过。可是，当AB型血人在实践的过程中发现自己的计划行不通，或者预期的结果没有出现时，他们就会突然改变原定计划。

理想与现实本来就有差距，对AB型血人来说也不例外。理智型的AB型血人身上也有粗心大意的一面，这一点观察他们打扫过的地方就能发现，他们打扫过的地方绝对是只可远观不能近看。

作为AB型血人来说，他们希望玄关处一尘不染，不允许客厅里的东西乱七八糟，需要的文具不能马上找到的时候就会焦躁不安……当他们发现理想和现实不一样的时候就会有很大的压力。

所以，AB型血人实践“扫除力”时不必非要精确地按照计划去做。

在实践“扫除力”的过程中，如果想要放弃，就想想自己实践“扫除力”的目的。

有了明确的目标，AB型血人就不会再对眼前的现实有压力，他们会为了实现目标而努力。如果性格中类似A型血人的部分比较强的话，那可以提前给自己一个心理暗示：“晚一点开始扫除也没关系，只要按计划进行就最有效率。”这样一来，扫除就能够顺利进行下去了。

因此，即使扫除开始前已经制订好了计划，也不要只顾着一板一眼地按照计划去做，最好能给自己留一点自由发挥的空间。否则，“扫除力”实践就会变得越来越麻烦。不仅如此，AB型血人也可以偶尔在扫除中发扬一下B型血人的风格，从喜欢的地方开始做起，从喜欢的步骤做起，这样才能让扫除更加充满乐趣。

AB型血人专用扫除计划

1. 换气

2. 制订计划

“丢弃”“去污”“整理整顿”都是独立存在的步骤，可以选择在三天之内完成其中的任意一项。

比如说，以实践“丢弃”为例，你可以第一天把不穿的衣服扔掉；第二天扔掉客厅里不用的报纸杂志；第三天清理掉厨房和冰箱里的废物。同样，去污和整理整顿都可以像这样分三天来完成。

在这里，重点是为自己的计划留出一定的空当儿。

3. 丢弃

觉得难以下手丢弃时，请客观地进行考虑，将物品按是否需要的标准进行分类，没必要留下的东西就毫不犹豫地扔掉吧！

4. 去污

从理论上来说，AB型血人非常善于区别使用各类洗涤用品和扫除工具。能做到这一点的话，去污工作会变得轻松很多。请有效发挥自己的特长吧！

5. 整理整顿

按照“便于使用”的原则进行。

PART 3

幸运接踵而至！不同血型的“能量来源场所”

——帮助你顺利实践“扫除力”的一点小技巧

✦ 活用“扫除力”，运气变更好

去除负能量，吸引来正能量，这是我们实践“扫除力”的目的。

无论你读过多少成功者的传记，也不管你多想积极地、正确地对待事物，只要你生活在一个充满了负能量的磁场中，你的身上充满了负能量，那么你所付出的一切努力就都是徒劳的。

所以，与其拼命努力地吸引正能量，倒不如先彻底去除负能量。只有这样才能吸引来更多的正能量。

请清楚地认识到这一点吧！

人的思维方式与行动是各不相同的。人们在外面采取不同的行动、进行不同的思考，所消耗的能量自然也各不相同。

从晚上回家后到清晨出门前的这段时间里，人们在怎样的空间中度过会给能力的发挥带来不同的影响。

在本章中，我将重点介绍不同血型去除负能量以及吸引正能量的方法。

也就是说，为了进一步提升不同血型人的性格优势，我们需要采取与其血型特征相适应的办法。

实践“扫除力”的范围不仅包括现实中的房间，也包括我们对房间的某种印象。比如说，对待同样一个洗手间，用不同的方法去使用它，用不同的方法去打扫它，最终这个洗手间所反馈给人的能量与印象也是不同的。

当你疲惫不堪、人际关系恶化，或者工作进展不顺时，请根据自己的血型，选择本书中介绍的能为自己这种血型提供能量支持的场所进行扫除吧！

另外，本书还有针对特定问题而提出解决办法的“扫除力”实践场所。如果你目前所遇到的问题碰巧也在其中的话，请一定照我说的试试看吧！这些实践场所对任何血型的人都适用。

我在这里所列举的不同血型的能量支持场所并不是只能对一种血型发生作用的，只不过某种血型会在特定的能量支持场所中更突出地表现出血型特征。任何人只要在意识到“扫除力”的情况下对这些场所进行扫除，都可以感觉到“扫除力”带来的效果。

只要你带着非常强烈的想要获得幸福的愿望开始扫除，就一定会有幸运降临在你的身上。

A型

客厅+家中的用水场所（厨房、盥洗室）

建立一个供自己放松的正能量空间

对A型血人而言，家是能够为他们提供安心感的所在。实际上，不仅是对于A型血人，家对于所有人来说都是守护自己的避风港。你把家收拾得越舒适，你在外面的行动也就相应得越充实。

在家里，最能够引起我们不快情绪的就是那些用水场所的污垢了。换句话说，如果用水场所出现污垢的话，就意味着此时的你心灵疲惫，需要寻求慰藉。

因此，为了创造出一个舒适的居住环境，首先就要将家中用水场所的污垢清理干净。

对于A型血人来说，清理干净用水场所的污垢是获取能量的最有效的方式。

A型血人在考虑问题时注重问题的原因和结果。所以，对A型血人来说，经常保持用水场所的干净相当于让自己获得安心。

厨房和盥洗室是那种只要开始变脏就会越来越脏的场所。而作为A型血人来说，他们只要制定了规则就一定会严格遵守，因此保持家中的干净并不是件难事。但是，A型血人也有另外一面，就是一旦房间脏到了一定程度的话，他们就需要纠结很长时间才会开始打扫。

因此，对于A型血人来说，保持房间经常处于一种干净的状态非常重要。

将厨房里的不锈钢制品和其他一切光洁的东西都擦得

闪闪发亮吧！擦掉水槽上积着的水垢，让水槽也变得光亮如新吧。

还有，请每天都把盥洗室的镜子擦亮吧。擦亮镜子，就好像是你在擦亮自己的内心。保持镜子的干净，你将自然而然地拥有自信。

此外，尽量将下水道的深处也清理干净吧。这样一来，你将从内心深处获得一种安心感。

除了用水场所，客厅也是为A型血人提供能量支持的重要场所。

客厅是家人聚集的场所，人们在家中的大部分时间都是在这里度过的，因此，保持客厅中的正面磁场空间非常重要。

在客厅中，地板所占的面积最大，也最容易引人注意。因此，在清洁地板时应当尽量将能搬开的家具都搬开，之后分别用湿抹布和干抹布擦一遍地板，最后再为地板打蜡。地板变得光亮如新之后，客厅中的正面磁场也会变得更强大。

不要忘记擦掉客厅照明灯具上的灰尘和污垢，再换一个瓦数大一些的灯泡，让光明照亮整个客厅吧！明亮的光线会为客厅制造出一个温暖的磁场空间，所以，请一定照我说的试试看吧。

B型

洗手间+书架　清扫喜欢的场所，身心也能得到放松

B型血人非常注重维护自己的世界观和自我空间，所以，即使是在家里B型血人也希望保留一块儿只属于自己的地盘。

B型血人有一项特长，就是善于把自己喜欢的物品按照个人爱好进行配置，从而创造出一个能让自己安心的空间。

而另一方面，B型血人又是那种对不感兴趣的事情碰都不碰的类型。因此，如果B型血人对保持房间的舒适一点儿都不感兴趣的话，那他（她）就什么都不会做，任由房间脏得一塌糊涂。

因此对B型血人来说，当回家变成一种快乐，待在家中的某个地方就能够心情愉悦的时候，他们才会心甘情愿地打扫家里的卫生。

安心感
Living
Bath Room
Kitchen

从我的个人经验来说，B型血人想要卓有成效地完成扫除，首先就要从打扫洗手间开始。

洗手间是家中最小的空间，也是最适合人们集中注意力考虑问题的场所。每当我为了写作等问题无法集中注意力的时候，我都会去打扫洗手间。在打扫的过程中，我那些乱七八糟的念头很快就消失不见了。而且我还发现，身处洗手间时，我更容易产生创作的灵感。

当你亲手将座便器刷干净的时候，你身上那种毫无根据的自豪感也会随之消失，你将对周围的所有人都萌生出一种感激之情。当你一边说着“谢谢”一边将家里的每个地方都打扫干净时，一个全新的充满了正能量的磁场就诞生了。只要身处于这个磁场中，你就能改变自己，就能迸发出前进的勇气。

除了洗手间，书架和家中那些放置报纸、杂志的地方也能有效地为B型血人提供能量支持。

B型血人好奇心旺盛，喜欢新鲜的事物。如果想要将这个性格特点发扬光大的话，就需要经常用新的物品来替换旧的

安心空间
Toilet
书架

物品。

有一点希望大家一定要认识到：你的书架上摆着什么类型的书就意味着你需要获取哪些方面的信息。

当你为了工作而终日忙碌时，你会为此而忽视了自己真正想要做的事情，或者自己的理想。

在整理书架的过程中，当你发现某本读了一半就被抛在脑后的书的时候，你就会重新回想起你当时想做的事情，或者当时想研究的课题。

对个人而言，当想要读书的时候我就会先整理书架，在整理的过程中，我所追求的目标也会渐渐变得清晰。为了实现我的目标，整理结束后我会去书店买回更多的相关书籍。

只有在整理中找到自己的目标，你所具有的正能量才会不断上升。

在这里，我也建议大家定期更换书架上的书籍，让这种行为成为一种习惯。

记得要经常清理书架，保持书架和书籍的清洁，这样做能够帮助你更有效地利用书中记载的那些知识和信息。

O型

浴室+卧室+玄关　复原&补充能量，彻底放松自己

O型血人在家和在外面是截然不同的两种状态。由于性格中具有不服输的一面，所以O型血人在外面的时候思维敏捷，充满了行动力，他们会竭尽全力地去打拼。不过也正因如此，只要他们一回到家就会马上放松，变得懒散起来。

所以，O型血人最需要的是能够消除疲劳、放松自我的“扫除力”。

对O型血人来说，最有效的消除疲劳、提供能量支持的场所就是浴室了。

浴室不仅能帮助你消除身体上的疲劳，而且能够将你在不知不觉间积累下来的精神压力也冲洗一空。因此，如果浴室变成了一个遍布黑色霉菌和水垢、充满了负能量的肮脏空间的话，那它的减压效果就会大打折扣了。

想要保证浴室的减压效果，首先就需要通过打扫创造出一个洁净的空间，也就是创造出一个正面磁场。水能够接受

外部环境的影响并且将这种影响传递给你，所以泡澡时不妨在浴室里播放一些自己喜欢的音乐，或者加入一些自己喜欢的香味。这样每天在具有正能量的磁场中放松自己，身心都会变得非常轻松舒畅。

放松了身心，接着就需要为自己补充能量了。

睡眠能够为人的身心储备充足的能量。当然，睡眠是要在卧室中进行的。清理掉卧室里多余的东西，心无杂念地睡个好觉吧！

至于床品，请选择用亚麻或有机棉等自然材料制成的吧。这样的话，你的身体会获得由内至外的充分休息。

打扫卧室时，适当播放一些能让你感受到自然的音乐，比如有潺潺水声的音乐等，这样做会让你的扫除效果翻倍。当你将卧室里的一切擦拭干净时，你心中的一切杂念都会消失，你的心中将充满温暖平和。

最后一道工序，就是打扫玄关。

正能量和负能量都会通过玄关进入我们的家中，因此，为了只让正能量进入，我们必须将家里所有的负能量都赶出

Bed Room
玄关
Bath Room
休息
补充能量

去，并且切断一切负能量进入的途径。

要实现这个目标，首先要做的就是换气。有充足的新鲜空气进入后，接下来就把堆在玄关处的废品都扔掉吧。不要把鞋子和雨伞等随意摆在外面，将它们放到该放的位置吧。玄关变得宽敞后，能量的出入也会更为顺畅。

记得要用湿抹布擦干净玄关的地板。擦门时不要只擦内侧，连外侧也要擦干净。这样负能量就会被阻挡在门外了。

如上所说，随着玄关被打扫干净，能够覆盖全家的幸福磁场就会出现了。

AB型

衣柜+灯具　有意识地转换心情，获得自我放松

AB型血人的性格综合了A型和B型的特点，因此就会在处理问题时表现出一种矛盾。当这种矛盾以比较强烈的形态表现出来时，周围人可能就会觉得AB型血人不可理喻。

在做扫除方面，大部分AB型血人基本上都能做到把家里收拾干净。但这种“干净”其实是打了折扣的。

有位女士曾经跟我讲过这样一件事：“我有一位AB型血的朋友，住在高级公寓里，过着令人羡慕的舒适潇洒的生活。可是到她家去做客的时候，仔细一看就会发现，地板的边边角角积满了灰尘，厨房的下水道也脏得要命。表面的光鲜和实际生活中的邋遢简直是让人叹为观止。有一天，她在家开party，请我过去帮忙。结束以后，我本想趁着洗餐具的工夫顺便帮她把厨房也收拾干净，结果她非但不领情，还责备我多管闲事。”

的确，不仅是她的这位朋友这样，我认识的AB型血的朋友中也有这样的人。他们积极对待与扫除有关的事情，聊起关于“扫除力”的理论来让我都大跌眼镜。可出乎意料的是，他们打扫完的地方经常是乍一看挺干净，仔细一看实在脏得让人难以接受；他们穿的是名牌，近处一瞅却发现衣服上不是有污渍就是有线头。

当AB型血人对理想与现实之间的差距产生压力时，我的建议是清洁衣柜。因为清洁衣柜能够让人立刻感受到效果。

当然，平时就应该注意保持衣柜的干净整洁。但是当你的脑子里充满了“我要是这样做就好了……”或者“我要是那样做就好……”的念头时，你就一定要清洁一下衣柜了。

此外，不仅仅是AB型血人，总是自责没有按照预订计划去做的人，或者无法说出自己真实想法的人，都会有压力积累下来。而压力积累的结果就是衣柜等与直观印象有关的场所会变得杂乱无章。

因此，当自己对某些问题束手无策时，不妨将衣柜或抽屉中的西装、内衣、提包等全部都取出来，然后制定出一个丢弃的标准，比如将这一季一次都没有穿过的衣服处理了，等等。按照丢弃的标准对衣服分类整理，将不需要的衣服统统丢弃吧。

只需要简单整理衣柜，你就能确实感受到心情变得轻松了。不仅如此，你还会感觉到人际关系也比从前更融洽了！

接下来，需要注意的就是照明灯光了。为了明确区分家里与外界，我建议大家使用间接照明[1]会更有效果。将灯光设

① 间接照明：指光源发出的光经天花板和墙壁反射变柔和的照明。

让自己放松
Light

置在自己觉得舒适轻松的场所附近，为自己营造出一个治愈系空间。

除了以上这些做法外，你还可以在回家之后为房间喷洒你喜欢的空气清新剂。做一些只有在家时才会做的事情，尽快为自己转换心情，让自己得到完全的放松。

扫除结束之后，在日常生活中也要多花点心思哦！

实现愿望的“扫除力”

“扫除力”理论认为，房间反映着一个人的内心。通过观察一个人的房间就能够发现这个人有哪方面的问题，并且能够为他（她）提出具体的解决问题的方法，以及帮助他（她）实现愿望的方案。

之前我介绍了不同的血型与不同的房间之间的关系。在此基础上，我将为大家介绍不同房间对我们的不同意义以及实现愿望的基本方法。请大家参考。

本章中介绍的内容是“改变我们的‘扫除力’”的基础。

在此之前已经实践过“扫除力”的各位读者也不妨重温

一下吧。

读读看，你马上就能感受到“扫除力”的不同寻常。

◎想提升财运——打扫卫生间

你可不要小看卫生间，它可是家里最重要的场所！它每天接受我们从身体中排出的毒素，让我们的身体变得轻松畅快。我们的生存离不开排泄，而能够帮助我们排泄的场所也只有卫生间。

如果这样重要的卫生间变得肮脏不堪的话，那么你待人接物时的感恩之心也会一并消失。如此一来，你的人际关系就会变差，你的一切行动也将蒙受厄运。

所以，就从此刻开始，改变你对卫生间的看法吧！

改变看法是做出改变的第一步。你要记得，卫生间能帮助你的一切行动收获丰硕成果。有了这样的认识，你对卫生间的感激之情也会变强。带着这份感激，开始打扫卫生间吧！

一边念叨“多谢你平日的关照”，一边将座便器、地板、换气扇都擦干净吧。定期将能够拆开的东西都拆开，彻底地将它们都清理干净吧！

当你做完扫除时，你的心中自然会涌出对周围人的感激之情。这种感激之情会像水面涟漪般渐渐扩散开去。

人际关系好转了，财运自然会越来越好。

有许多人，打扫卫生间的次数越多，就越能清晰地感知这种变化。所以，你不妨也尝试一下吧！

◎想获得爱——打扫厨房

能够做出美味食物的厨房，是能最直接地帮助我们传达出爱意的地方。吃到美味的食物时，人们就能感觉到幸福。如果是和自己爱的人分享美味的食物，那这种幸福感就会成倍增长。

努力为心爱之人准备的美食一定会将你的这份爱意传递到对方的心中。

想要获得爱，首先就要付出爱。

如果目前还是独身一人生活呢？那就怀着对自己的满腔

爱意为自己准备可口的食物吧！不爱自己的人怎么会去爱别人呢？

说到这里，问题出现了。如果这么重要的厨房脏乱不堪的话，那你势必会受到影响，完全拿不出丝毫爱意。试想一下，如果你好不容易想做一次饭，却发现油腻的碗盘堆满了水池，调料摆放得乱七八糟……这样的状态怎么可能让你产生“爱”的情绪呢？

所以，我们一定要经常打扫厨房，将厨具整理得井井有条。

打扫厨房时，首先要将没用的东西统统丢掉，这样才能创造出一个比较整洁开阔的空间。

接下来，做整理整顿，将炊具和调料都放回该放的地方。

最后一步是擦洗，将锅碗瓢盆、水池、下水道、冰箱、微波炉、煤气灶、换气扇等统统擦洗干净。

顺利完成厨房扫除的秘诀在于尽可能地先从最小、最容易清洁的地方入手。如果一开始就做大面积的清洁，或者一上手就选择清除顽渍的话，很容易就会让你产生挫败感。

进行擦洗作业时，不妨想象着爱人吃到你做的饭菜时幸福喜悦的表情吧！这样一来，你就会在厨房中创造出一个充满爱的磁场了。

在这样一个干净整洁的厨房中做着美味的食物，那被浓浓爱意包围的每一天也不远了。

◎想让自己更自信——打扫盥洗室

每天，你都会在盥洗室里看见一个素面朝天的自己。无论是晨起洗漱还是晚间沐浴，你都能在这里看到一个最真实的自己。

如果盥洗室变脏，那么你的自信也会逐渐消失。你将无法正视自己，你会想要通过化妆来欺骗自己，慢慢地，你的状态会越变越糟糕……如果这种状态持续下去的话，你的精神会感到疲劳，消极的想法也会层出不穷。

实际上，这些不良状态的出现全部都是受到了那些污垢释放的负能量的影响。所以，让我们通过做扫除来清除心灵的阴霾，让自己的心中充满正能量吧！

清扫盥洗室的时候，扫除的重点在于镜子和下水道。

先用抹布蘸上稀释过的中性洗剂擦洗镜子，再用干抹布将镜子擦得闪闪发亮吧！由于镜子容易粘水，所以在平时的使用中也要养成随用随擦的习惯。

下水道容易被头发等堵塞。扫除时，将头发和其他污垢全部清除干净后，再用旧牙刷等东西将下水道的深处也刷干净吧！

将洗脸池和收纳厨都擦干净之后，能够给你带来美丽的空间就出现了。

当你站在干净的盥洗室里，看着明亮的镜子中的那个自己时，你一定会觉察到有一些什么悄然发生了改变。然后，你会忽然发现你本来就具有的各种魅力。当你意识到自己的这些优点之后，接下来你所度过的每一天必将充满光芒。

◎想放松自我——打扫浴室

度过了忙碌的一天之后，你的身上会充满污垢、疲劳、压力等各种负能量。当你通过淋浴冲洗掉身上的污垢时，当你通体舒泰地浸泡在放足了热水的浴缸中时，你将获得一种从纠缠你的那些束缚中解脱出来的轻松感。

浴室是一个治愈空间，但是一旦变脏的话，反而会变为一个最容易让你受到负能量影响的空间。

试想一下，如果你好不容易才将自己洗干净，却又重新被浴室里的细菌、水垢以及缠绕在下水道里的头发等垃圾所释放出的负能量所包围，是不是很悲惨呢？

我认为，那些洗澡之后疲劳感却完全没有消失的人，一定是受到了浴室里的污垢释放出的负能量的影响。

想要放松自己，获取正能量？那就赶快来打扫浴室吧！

用去污剂消灭细菌和水垢，清除掉换气扇上和下水道里的污垢，让空气流通和水流都变通畅吧。洗浴用具如果已经旧了的话，不妨将它们统统换成新的吧！

洁净的浴室会充满正能量。使用自己最中意的浴液，好好洗个澡，让身心得到充分的放松，为明天养足精神吧！

◎有压力——清洁下水道

在我们的家里会有许许多多的下水道：盥洗室有，浴室有，厨房有，阳台有，包括洗衣机的排水槽也是下水道。

下水道承担着将家中的污垢排泄到外面的任务。当下水道变脏之后，你会发现你周围的各种循环都在变差，很多事情都会陷入僵局。不只是人际关系和工作，甚至连资金周转都会陷入恶性循环之中。

因此，想要改变我们的生活的话，就需要让家中的各个下水道保持时刻都能将负能量排出去的良好状态。

如果对下水道完全放任不理的话，污垢和灰尘会积满下水道，它会脏得超出你的想象。如果你家的下水道已经处于肮脏不堪的状态，请鼓起勇气，打开下水道的盖子吧！然后，将能够拆开的东西都拆开，将堆积在下水道里的垃圾都清除掉，再将下水道彻底冲洗干净吧！

在扫除力实践者中，绝大部分女性通过清洁下水道收获了理想的效果。大部分实践者向我反映，通过清洁下水道，精神上的负面因素被清除掉了，人际关系也随之得到了好转。

所以，当你感觉有压力的时候，请务必尝试一下扫除，让扫除带走心灵的疲惫吧！

◎想立刻提升运气——打扫玄关

玄关是能量的出入口。它原本的职责是吸收正能量，释放出负能量。但是，如果玄关处一片狼藉，布满了污垢，堆满了垃圾、杂物的话，正负能量的出入就会由此发生改变。

因此，打扫玄关首先从丢掉不需要的东西开始吧！将那些多年未穿的鞋子、不知何年何月才派上用场的滑雪板、想扔却又一直搁置的旧杂志废报纸等统统处理掉吧！它们可是负能量的发源地哦！

扔掉了废品之后，再清除掉灰尘和泥土，将玄关处擦得干干净净吧！实践擦洗步骤时，不要只擦门的内侧，将外侧也一并擦干净吧。这样一来，正能量就能够守护着我们的家了。

将玄关处打扫干净，就意味着我们在玄关处建立了一个正面磁场，这个正面磁场会逐渐为我们的家中吸引来正能量，结果就是让我们的人生也同样充满好运。

快快打扫玄关吧！明天幸运就会来敲门了哦！

◎想让家人更团结——打扫客厅

客厅是一个家庭的中心，如果以人来打比方的话，客厅就相当于人的心脏。我们在家中的活动都是围绕客厅展开的，家里的成员们从客厅到卫生间、厨房，然后重新回到客厅中。

如果聚集了家中所有能量的客厅变脏的话，那么家庭成员之间的和谐关系也会崩塌。在客厅中堆积的垃圾、废品等释放出来的负能量的影响下，家庭中的每一位成员脸上的笑容会越来越少，团聚在客厅中的时间也会越来越少。如果客厅变成一个充满了负能量的磁场的话，全家人的情绪都会在这个磁场的影响下变差。

所以，为了让家中永远充满欢笑，其乐融融，就一定要让客厅中充满正能量。

在做扫除的过程中，想象一下家人们欢聚一堂时的欢声笑语吧。这样一来，你在想象中产生的快乐情绪也一定会传递给你的家人。

记得经常给客厅换气，保持客厅的良好通风。将桌子擦干净，把不需要的东西统统丢掉吧。

用湿抹布擦洗木制地板之后，再用干抹布擦拭。定期为地板打蜡，让地板焕发光泽会增强正能量的效果，请一定试试吧！

不要忘记用吸尘器清洁地毯或榻榻米，还要用专用的洗涤产品来清洁顽渍哦！

◎想恢复身心健康——打扫卧室

对我们来说，卧室是供我们休息，为我们消除疲劳，补充能量的地方。

如果卧室变得脏乱不堪的话，我们就无法获取充足的能量。不仅是身体的疲劳难以消除，我们还会变得易怒，变得难以集中精力，并因此心力交瘁。

于我们而言，卧室等待着一天的结束，迎接着新一天的开始。因此，我们要尽量减少卧室中摆放的能够进入视线范围的东西，让我们的心灵得到充分的休息。如果每一天我们看到的都是一个经过整理的干净整洁的空间，那么我们的心中就会充满了正能量。

此外，为了防止卧室中遍布灰尘，一定要记得常常开窗换气。衣柜等家具，以及地板上都容易堆积灰尘，因此请一定要定期用抹布擦拭它们哦！

◎想马上消除疲劳——擦灯具

家中的灯光不够明亮就容易让人感到缺乏精力。这是因为，灯光的明亮程度与心灵的明亮程度是成正比的。也就是说，明亮的灯光具有照亮心灵的效果。

我自己就有过这样的亲身感受。在我将玄关处的灯泡从低瓦数换到高瓦数之后，每次踏进家门的瞬间我就感觉到疲倦烟消云散了。

虽然餐厅为了营造某种情调都会将灯光调暗，但是请不要忘记，这与我们家中需要的照明灯光完全是两码事。

首先，请检查一下家中的灯具，哪里还在使用已经旧了的灯泡，或者哪里是因为灰尘堆积才变得晦暗不明。

有许多家庭玄关处的灯光尤其晦暗，而只有将玄关处变得明亮起来，才能让人在进家门的一瞬就体会到“回家真好”的感觉。不仅如此，对那些白天在外操劳的丈夫们而言，在踏进家门看到明亮灯光的那一刻，他们心中也会涌出对辛勤操持家务的妻子的感激之情。

让我们为家中的灯具都换上更为明亮的灯泡，让我们的每一天都在不知疲惫中度过吧！

◎想排解迷惑——收拾衣柜

衣服和包都是用来表现自己的道具。如果不整理收纳衣服和包的衣柜的话，衣柜会变得混乱一团，我们也会在这种混乱面前迷失自我。可能还会有这样的情况出现，就是明明很想努力，却发现不知为何就是无法从周围获得正面评价。

实际上，对女性而言，最难以舍弃的东西就是衣服了。

不仅如此，当感觉到有压力时，不由自主就想要逛街，就想要给缺乏自信的自己买衣服来满足自己……这样的例子也是数不胜数。

想要摆脱这种情况吗？首先从处理掉不需要的衣服开始吧！如果你的衣柜早就塞得满满当当的话，那你处理掉一半以上的衣服也完全没有问题。

在处理掉旧衣服、整理衣柜的过程中，你会渐渐认清自己。你会非常冷静地判断出自己喜欢什么或不喜欢什么，自己想要什么或不想要什么。最终，你将斩断一切迷惑并找到解决问题的方法。

当然，一开始丢弃衣服的时候你会觉得困难。而一旦踏出了第一步，你将顺利地完成整个整理过程，并最终找到自我。

在此之后，你将毫不犹豫地向着美好的明天大步前进。

◎想磨砺知性——收拾书架

书架，或者放置书籍、杂志的地方杂乱无章的人，你将面临的是自我提升停滞的危险。

读书不仅可以让人获得新的知识，提高自我修养，更难能可贵的是让人找到最对自己胃口的东西。

但是，如果你的书架遍布灰尘，里面放了些什么连你自己都不知道的话，这就说明你的思想观念已经落伍，你的思考也已经停止了。

保持书架经常吸纳新知识、新信息这一点非常重要。不仅如此，还需要保证保留下来的书籍数量与存放状态相适应。根据房间里的空间安排情况决定最初保留的书籍的册数，将不需要的那些书籍都丢掉吧。而且还需要制定以后存放书籍的原则，例如每买一册新书就清理出去一册旧书就是一个不错的办法。

不妨每月将书架上的书倒换一下位置吧。这样一来，你能随时掌握书籍的数量，也能够将几年都没碰过一次的书从书架中清理出去。

为了让书架保持新鲜感，随时用新的信息来填充它吧！这样一来自然而然地，你的知性气质也会得到提升。

◎想获得良好的人缘——擦窗户、打扫阳台

如果不与他人接触的话，人的情绪就容易变得低落，身体也会变懒，做什么事情都提不起精神……不仅如此，不与他人接触可能还会使人出现“抑郁症”的症状。实际上，这些问题的出现都跟家里的窗户变脏有关系。

窗户是人们在家里时能够看得到外界的唯一媒介。如果窗户变脏的话，人们对外界事物的关心也会消失。这种状态就好像人们对外界关闭了自己的心灵之窗一样。

如此一来，人们的人际交往范围会变得狭窄，也将无法获得良好的人际关系。因此，擦掉窗户玻璃上的污垢，让正能量逐渐进入自己的世界吧！

用湿抹布擦洗窗户之后，再用干抹布将之擦干净。如果使用装有“T”字形橡胶的擦窗器，会将玻璃擦得更干净。

窗户缝里容易积攒泥土和灰尘，因此要在干燥状态下先用较硬的小刷子处理它们，然后用吸尘器将它们吸干净，最后用水擦洗。

此外，不要在阳台上堆放废品和垃圾。它们会成为负能量的源头，长此以往会让阳台上充满负能量。实际上，根据调查，大部分引发犯罪事件的家庭的阳台都很脏。

将阳台认真地收拾干净，用美丽的花草来装饰阳台吧！很快，你就会获得良好的人缘了！

◎想要培养孩子的才能——打扫孩子的房间

孩子的房间是家中孩子单独生活的场所。孩子在这个只属于自己的世界中生活，既可以锻炼自己的自立性，又可以发展自己的个性。

但是，如果这个场所变得又脏又乱的话，那么孩子不但会变得注意力不集中，而且会变得多动。

所以，为了培养孩子的才能，一定要经常将孩子的房间收拾得整整齐齐，并且注意保持这种清洁的状态。

话虽如此，无论父母多么想要培养孩子的才能，也不能一味地代替孩子去整理他（她）自己的房间。父母必须带着孩子一起整理他们的房间才行。

在扫除开始之前，父母应该给孩子种下一个“做扫除百利而无一害”的印象。比如，父母可以告诉孩子，“做扫除会让你觉得快乐哦”“整理好自己的房间，学习也会更顺利哦”，或者“收拾好了房间玩的地方也会更宽敞啊”等。父母一定要将为什么做扫除告诉孩子，并且亲身实践，为孩子做示范。

当孩子看到父母愉快地做扫除的样子时，一定也会主动加入进来的。这样，通过扫除，孩子和父母的心灵也会进一步得到沟通。

我在打扫孩子的房间时用的就是这样的方法。现在，我四岁的大女儿做起扫除来已经很有一套了。

一经掌握，终身受益，这就是神奇的“扫除力”。如果孩子们从小就开始实践“扫除力”，他们一定会在成长的过程中拥有更多幸运的！

PART 4

不同血型相互配合，让“扫除力”效果翻倍

——配合，让一切更美好！

了解不同血型如何配合实践“扫除力”，“扫除力”效果翻倍

有很多人，在读过关于“扫除力”的书之后，马上抱着改变人生、改变自我的态度积极投入到“扫除力”实践当中。

事实上，我也的确从大部分的“扫除力”实践者那里收到了令人欣慰的反馈，比如说：“通过实践‘扫除力’，我的心情变轻松了”“我明确了自己的目标”“长期困扰着我的烦恼解决了”“我的人生转运了”等。

单就做扫除这件事而言，你可以自己独立去做，也有可能需要搭档或家人的配合。在实践“扫除力”的过程中，每个人都会表现出自己最真实的一面，也正因如此，令人头疼

的问题出现了：在互相搭档进行扫除时，如何才能处理好与搭档之间的关系呢？为这个问题而烦恼的人数之多出乎我的意料。

举例来说吧。有一个20多岁，与父母生活在一起的女孩子，她告诉我，在读过我的“扫除力”相关作品之后倍受震动，在实践“扫除力”时首先从打扫干净自己的房间做起，结果她的工作业绩节节攀升，还交到了男朋友，各种好运接二连三地降临在了她的身上。

与此同时，她也开始关注家中其他房间的卫生情况，比如卫生间、浴室、厨房等。可是只要她按照自己的方式开始对这些地方进行扫除，家里其他人就会提出反对意见，让她不要乱动东西，而她自己也对家人这种对污垢放任不理的态度感到生气。由此，实践“扫除力”也带来了家庭成员不和睦的负面效应。

与这个女孩子类似的反馈我还收到过很多。

如果和每一位实践者探讨问题的原因，我可以从不同角度给出不同的答案。但是无论给出何种答案，解决方法却只有一个，简言之就是“理解对方”。

没错，只要理解就能解决一切问题。

理解对方，也是理解自己。

之后我会详细说到，在这里我要提一下，由于我的妻子是A型血，我是B型血（只打扫自己喜欢打扫的地方），所以在做扫除时我妻子也常常生我的气。

但是最近一段时间，由于我自己注意到了B型血人的问题，也摸到了其中的窍门，所以我会经常留意将家里收拾干净。当然，我可完全没有被强迫的感觉，在做扫除的过程中，我自己的心情也变得轻松起来了。

从这个意义上来讲，无论是与家人还是搭档一起做扫除，无论是在家里还是在单位做扫除，只要根据血型了解对方的想法或行为模式，就能够清除掉负能量，顺利地建立起一个充满了正能量的磁场。

这样一来，幸运才会渐渐向我们靠拢！

A型×A型

彼此尊重，一口气建立起正面磁场

性格相似的两个A型血人之间的关系乍看上去是比较稳定的。由于他们在日常生活中能够替对方考虑，并且能够做到互相尊重，所以两个人之间的冲突还是比较少的。但是，一旦他们触及一些比较细微的地方，就会开始在意对方存在的问题。

比如，有一位去年刚结婚的女性告诉我，她的丈夫在用洗手间或厨房的水时总是把水溅得到处都是，这一点让她特别无奈。只要她一批评丈夫的这个毛病，他就会理直气壮地反驳，“水是干净的，溅得到处都是又能怎么样？”完全不肯接受她的意见。而在她看来，水花四溅很容易形成水垢。因此，她对他的做法完全不能谅解。

而她的丈夫对她也有意见，他就看不惯她使用吸尘器的方法。

这样两个自诩爱干净的人，绝对不能允许对方批评自己。结果就是两个人经常为这些小事发生争执。

如果两个人像这样光挑对方的毛病的话，不但他们所具有的A型血人的性格优势得不到发挥，甚至还会破坏家中原有的正面磁场。如果扫除仅仅是为了不让对方抱怨才进行，那么家庭的气氛就会越变越差（磁场越来越差），家就会变成一所干净却没有生气的房子。

这样的结局，与“扫除力”的宗旨绝对是背道而驰的。

会出现以上问题的原因就在于两个A型血人都太过于关注细枝末节，所以，当两个人的看法出现分歧时，不要苛责对方，只要睁一只眼闭一只眼就好。双方都采取这种随遇而安的态度之后，将感激之情传达给对方才是两个人相互理解的关键。

听从了我的建议之后，当这位女士的丈夫再一次把水溅到镜子上时，她不再边发牢骚边擦掉溅在镜子上的水滴，而是什么也没说，安安静静地将镜子擦干净了。她的丈夫非常感动地向她道谢，她也非常开心。

这之后，她的丈夫帮助她用吸尘器将家里打扫干净，当然，她也向他表示了感谢。

像这样，同样是把家里打扫干净，打扫过之后的家庭氛围却是完全不同的。

原本就能够做到客观看待整体的A型血人，如果能够在彼此认可的基础上进行扫除的话，一定能够建立起一个非常完美的正面磁场。

“扫除力”小贴士

称赞对方的长处，让双方都对对方产生谢意吧！

A型×B型

能够理解对方的想法吗？

B型血人是那种“走自己路”的个性派，自己想做的事情会埋首努力去做。但是B型血人缺乏整体观念，只愿意做自己喜欢的事情，因此与A型血人搭档做扫除时，一般都会在开始阶段听从A型血人的安排。

A型血人在开始扫除前，一般会制订出计划，并希望扫除能够按照自己的计划进行。

开始扫除前：

A型血：“那你去打扫客厅吧。”

B型血：“哦，好吧。”

一个小时后……

打扫干净自己负责区域的A型血人来检查B型血人的工作，却发现他（她）根本就没打扫客厅。这下子A型血人大发雷霆了，可是B型血人对对方的愤怒却显得相当无辜：“我根本就不想打扫这里啊！”最终，可怜的A型血人只好自己一个人打扫所有的房间。

我和我妻子就属于这种组合，所以在我们刚开始配合打扫房间时，经常会因为上述情况吵架。在我看来很正常的事情却让妻子倍感压力，她对我火冒三丈地嚷嚷“跟你没法过了”的事情也时有发生。

想要B型血人做扫除的时候，一定不要强迫他（她）。首先，问问他（她）想要打扫哪里，让他（她）自己选择想要打扫的地方吧！

认可了B型血人的这种习惯，A型血人就能够毫无压力地获得B型血人的支持了。

还有一种情况：如果B型血人想要A型血人协助他做扫除的时候，应该怎么办呢？

这种时候，只要B型血人对A型血人说“我不太擅长做扫除，你可以帮帮我吗”就可以了。

B型血人对自己喜欢的东西会全心投入，对不喜欢的则完全不会染指。认识到了自己的这个弱点以后，就将不擅长的事情拜托给A型血人吧！

顺便需要一提的是，B型血人经常会愿意亲自打扫洗手间，而将打扫其他地方的工作拜托给A型血人。有了A型血人的帮助，B型血人就可以安心打扫自己感兴趣的地方了。等到卫生间被打扫得焕然一新的时候，B型血人会觉得非常自豪的。

房间打扫干净之后，B型血人一定要向A型血人表示感谢哦！

唯有感恩之心，才是创造正面磁场的关键。

“扫除力”小贴士

注意力集中型的B型血人要理解A型血人，这样扫除才会顺利进行哦。

A型×O型

重视一起劳动取得的成果

充满了决断力的O型血人只要想好了要实践“扫除力”，就一定会毫不犹豫地执行自己的决定。

比如说，如果O型血人决定了今天要把不需要的东西都扔掉，那他们一定会三下五除二就把所有该扔的东西都扔掉。这种扔东西的速度和效果，就像是一台推土机把整个房间里满满当当的东西都推平了一样。只要O型血人决定了要扔东西，那他们扔起东西来就不假思索，完全不过大脑。而且，不知不觉中他们就会将家人或搭档的东西也一并扔掉。

如果对方是A型血人的话，最容易引发矛盾的问题就是，A型血人往往对没用的东西也很珍惜。

“这个扔了算了！”

A型血人是绝对接受不了O型血人这种听上去没心没肺的话的。

A型：“这个虽然现在用不上，可是说不定哪天就用到了。”

O型：“这个‘哪天’是‘哪天’啊？”

A型：“这个嘛，我还没有想好呢。”

这种关于东西去留问题的解说，刚开始的时候，O型血人还勉强听得进去，但是当A型血人的说明渐渐开始走向与讨论对象完全不相干的方向时，O型血人嘴上“嗯、嗯”的表示着赞同，脑子里却早就开始琢磨别的事情了。最终问题的关键在于，A型血人说的话O型血人一大半都没有听进去。

O型：“这个东西我还是扔掉吧。”

最后，O型血人还是毫不犹豫地将东西扔进了垃圾袋。

也许A型血人此时还在犹豫这个东西到底该不该扔，可是如果真的让他们做出判断的话，他们又会受到O型血人那种很强大的想要把东西扔掉的意志力的干扰，也许会做出错误的判断。

所以，和O型血人一起生活的A型血人，一定要经常注意保管好自己的重要物品。如果把这些贵重物品摆放在了什么太过显眼的地方，那么哪天万一发现它们不见了，也只好“打落牙齿和血吞了”。

如果有非常重要的东西放在外面，一定要跟O型血人打个招呼，告诉他（她），“这个我还有用呢”，让他（她）能有个印象。

无论是O型血人还是A型血人，彼此尊重对方收拾东西的习惯，这样就能有效避免上述矛盾的出现了。

无论是O型血人还是A型血人，想要收拾东西的时候，不要仅仅讨论某件东西扔或是不扔，要问问对方何时收拾、怎样收拾才合适。如果A型血人有充分的理由保留这件东西，那就等到他（她）认为该扔的时候再扔好了。

而O型血人也能在与A型血人交流的过程中学会“等

待”，同时也会明白“丢弃”并不仅仅是为了“扫除”，还具有其他的意义。

对于A型血人来说，他们可能会觉得O型血人有点草率，因为他们能够在毫无准备、毫无头绪的情况下，仅凭心血来潮就开始扫除。这种时候他们就会打击O型血人，说出“你这个人做事毫无条理”，或者“你总想把屋子打扫干净，又不擅长自己动手做”之类的话。其实，A型血人不应该责备O型血人，而是应该给他（她）提建议让他（她）明白，在他（她）准备扔掉的东西里也许有非常重要的东西；在有必要做扫除却对O型血人的做法不感兴趣时，就由着O型血人去张罗吧。

基本上来说，在进行大扫除这类大规模行动时，O型血人还是非常靠谱的，所以这种时候不妨将主导权让给O型血人好了。同样，A型血人在日常生活中非常细致可靠，这是O型血人无法相比的。所以，互相尊重，双方的存在价值也会得到提升。

通过“扫除力”，A型血人和O型血人之间可以明确对方的想法，在此基础上互帮互助，才能创造出充满欢乐的磁场空间。

“扫除力”小贴士

大范围扫除交给O型血人，小细节收拾A型血人承担，分工合作，愉快扫除。

A型×AB型

让理智的AB型血人做领导吧

A型血人在充分考虑清楚前因后果的基础上才会开始扫除，AB型血人以扫除为目标时会制订出行之有效的计划，因此这两种血型的人在扫除的开始阶段会配合得非常默契。

A型：“今天天气不错，要不我们打扫一下屋子吧。”

AB型：“好呀。那我们先收拾家里那些用水的地方吧。”

A型：“啊？我觉得还是先打扫客厅比较好吧。”

AB型："别呀，每次做扫除到最后打扫用水的地方都会很麻烦，好多次都不了了之了。咱们还是先打扫那些用水的地方吧。"

A型："没错，那咱们开始吧！"

在扫除开始前，A型血人和AB型血人喜欢用这种对话来确定扫除计划。

计划确定以后，擅长按照计划做事的A型血人就开始做扫除了。

扫除开始后，当AB型血人性格中具有的B型血的那部分特质开始捣乱时，问题就出现了。明明之前商量得好好的，可是实际操作一开始，AB型血人就会突然表现出自我主义的那一面了。更过分的是，他们会在扫除过程中突然就停止打扫，然后开始做其他的事情。

A型血人具有非常好的协调性，所以他们无论和谁一起做扫除，都不会让对方觉得困扰。而且，A型血人属于那种规规矩矩按计划办事的类型，所以他们绝对不能接受AB型血这种突然就改变计划，或者不顾别人就开始做自己的事，沉浸在自己的“小宇宙”中的行为。如果AB型血人每次扫除都中途开小差的话，A型血人会有很大压力的。

对于A型血人来说，AB型血人这种性情多变可能会让他们感到迷茫。但是，AB型血人改变计划一定是有原因的。所以，不要针对AB型血人的行为抓狂，让他（她）给你解释清楚改变计划的理由吧。

说不定，他（她）的新计划会更为合理呢！

清楚了AB型血人的思维模式之后，A型血人就不会再为他们的突然改变而生气了。A型血人会很愉快地猜测：“他（她）又有新点子了，这次又会有什么好主意呢？”

从本质上来说，AB型血人是非常理性的，所以他们不会有太离谱的想法。此外，如果A型血人提前有一个这样的概念，即“AB型血人就算突然停止扫除去做别的事情也没什么大不了的”，那么A型血人也就不会再有压力了。

不过，AB型血人也不要总是折腾A型血人，偶尔也听从一下A型血人的意见吧。

“扫除力”小贴士

A型血人接受AB型血人的思维模式，沉着应对吧！

B型×B型

零零散散的意见能坚持到最后吗？

有共同爱好，或者通过工作联系在一起的两个B型血人会意气相投，他们之间所拥有的那份团结的力量是其他组合都无法比拟的。当他们发挥出令人吃惊的注意力时，他们会认真对待眼前的事情并最终取得满意的成果。而一旦这个组合中的任何一方对这件事情失去兴趣的话，这个组合原本团结的关系就会瞬间分崩离析。

在本书前言中我已经说过，我的父母和妹妹全部都是B型血。

年末扫除时，我们四个人虽然在扫除开始前就确定了各自的分工，但是结果却往往是我们谁也没有打扫自己应该打扫的地方，而是都跑去打扫自己喜欢的地方了。扫除的最终结果就是我们家极端两极分化，干净的地方特别干净，脏的地方还是一样脏。

现在想来，当时我们就应该在扫除之前尊重每一个人的意见，问清楚大家各自想要打扫的地方再开始做扫除。

B型血人之间最重要的就是团结。B型血人需要经常性地寻找共同目标来维系这份团结。虽然说即便有了共同目标人也是一个个独立的个体，但是对B型血人来说，只要简单为他们设定一个共同目标，比如“今天打扫完之后全家一起吃火锅哦”，那么他们就会想到大家难得聚在打扫干净的屋子里开开心心地吃饭，就会为此而团结一致，朝着共同目标努力。在强大的团结力量的作用下，B型血人会一鼓作气地将扫除进行到底。

如果决定了今天要集中实践“丢弃”，那么在整合了各自的意愿之后，就分头行动，各自去收拾自己喜欢的地方就好。当然，只要愿意，一个人去收拾东西，另一个人去做去污的工作也可以。随着家里的各个角落被打扫干净，正面磁场也会越来越多，在这些正面磁场的作用下，扫除一定能够顺利完成的。

注意力可是非同寻常的，等到扫除结束以后，家里一定会出现一个“最强磁场空间”的。

“扫除力”小贴士

团结一致，向着共同目标，发挥出最强大的注意力吧！

B型×O型

产生分歧，就会发生孩子气的争执？！

O型血人是那种一受到外界影响立刻就会有所介怀的类型，B型血人则是那种哪怕收集了再多信息只要不感兴趣就什么也不做的类型。这两种血型的人一起行动的时候多少会有些不合拍。

O型：“咱们这会儿一起打扫屋子吧。”

B型：“哦，不过我这会儿不想打扫啊！”

这种情况下，一向都把自己和别人分得很清楚的O型血人就会自己动手打扫屋子。

可是在打扫过程中，他（她）就会渐渐将扫除的范围扩大到B型血人的地盘上。这个时候，B型血人就会不满。

B型：“我不是说了不想打扫房间吗？谁要你多管闲事！”

O型：“把屋子打扫干净有什么不对的！”

这样一来，两个人就会发生非常孩子气的争执。

说到这里，我想稍微讲讲我的亲身经历。当我处于生活的最低谷时，将我挽救出来的那位朋友就是O型血。没错，我们就是典型的O型血+B型血的组合。

在之前的书中我也曾提到过，我之所以会发现扫除的力量，就是因为这位朋友擅自闯入了我那个垃圾堆似的房间，跟我嚷嚷：“怎么脏成这副德性啊！快收拾收拾！”然后不等我的批准就强行开始了打扫。

我当时立刻就无名火起，冲他吼道：“我就喜欢这样怎么了！乱就乱，有什么大不了的！”而他却好脾气地对我说：“不管怎么样，先打扫看看嘛！一定会有好事发生的！”说着，他将抹布递到了我手上。“有好事？什么好事？”我满心狐疑地问他。“会改变命运啊！”他这样告诉我。

当时，每天生活在那样一个垃圾堆里，诸事不顺的我很难立刻就相信他的话，而他却肯定地告诉我：“你就相信我吧，肯定会有好事发生的。”我在他面前败下阵来，只好无奈地听话，开始了扫除。之后，果然如他所言，我的命运真的发生了改变。

“打扫完屋子我请你吃烤肉啊！”那天，我也许是在他的这种诱惑下才开始扫除的。而最后，我不但打扫干净了房间，而且命运也随之好转，终于有了今日的成就。

因此，擅长处理各种信息的O型血人，在扫除时不妨也试着诱惑一下B型血人吧。

就像我说的那样，在扫除开始前对B型血人投其所好，比如说，如果他（她）喜欢看电影，那O型血人就可以告诉他（她），“做完扫除以后我们去看电影吧！”这样一来，B型血人就会转换思维角度，觉得“为了去看电影，我就先做扫除吧”！

说服了B型血人做扫除之后，O型血人再让他（她）自己选择想要打扫的地方，那么剩下的地方就请O型血人主动承担吧。只要开始了扫除，B型血人就一定会为了最后的奖励而集中精力将扫除进行到底。

O型血人成功地哄劝B型血人进行扫除，这才是实现“扫除力”的秘诀啊！

“扫除力”小贴士

O型血人要用“诱饵”来吸引B型血人做扫除哦！

B 型 × AB 型

把握关键就能成为最佳拍档

AB型血人性格中有完美主义的一面，所以他们非常善于制订计划——无论是对于游戏还是对于工作都是如此。由于他们制订出的计划非常合理，又能提出很不错的点子，所以如果他们将自己的计划好好向B型血人做一番说明的话，B型血人会非常乐意接受他们的安排。

做扫除时，在AB型血人掌握主导，B型血人又有兴趣的状态下，两个人合作会发挥出巨大的能量。但是，如果此时AB型血人强迫B型血人去做什么的话，B型血人嘴上答应着“我知道啦”，实际上却什么都不会去做。

因此，AB型血人在做扫除时必须将B型血人劝诱到他（她）感兴趣的方面去。比如说，可以告诉B型血人，“你这样做会有怎样怎样的好处哦。”这样B型血人就会乐于接受AB型血人的安排了。

我在房屋清洁公司工作的时候，公司的社长就是AB型血人。他经常会根据我们每个人的个性制订出不同的计划。作为一个AB型血人，他也会经常突然改变计划，或者突然开始做别的事情。但是对于我来说，他的这种“善变”丝毫没有让我苦恼。事实上，他变更后的计划会更有效率、更为简单易行，我也能够进一步发挥出自己的才能。

像这样，如果AB型血人总是能够将计划调整得更为适合

B型血人的话，B型血人的所有正面情绪就会被调动起来，他（她）会非常感激AB型血人总是替他（她）着想。

对于B型血人来说，想要跟AB型血人配合默契的话，不妨将自己想做什么直接告诉AB型血人。因为AB型血人提出的意见，或制订的计划会非常合情合理，所以B型血人最好能够参照AB型血人的计划做事，这样一定会收获不错的结果。

从本质上来说，B型血人属于那种无视规则，“走自己的路”的类型。如果在扫除的最初阶段，他们发现按自己的想法走不通的话，他们就会试着照AB型血人的建议去做。如果最终取得了好的成果并且这种情况多次发生的话，他们就会发现，听从AB型血人的建议才能获得“扫除力”带来的幸福。

“扫除力”小贴士

AB型血人制订出能够充分发挥B型血人才能的计划吧！

O型×O型

团结一致，树立目标

O型血人属于那种非常固执己见的类型。两个O型血人在一起时，双方都希望行动的主导权掌握在自己的手里。因此，在扫除开始以前，一定要首先明确由谁来做领导，否则两个人就会在行动中对着干。

我的熟人中就有一对夫妻，两口子都是O型血。两个人在外面做事时都各自手握主导权，所以在处理家里的问题时总会为谁说了算而发生争执。

O型血人是那种只要决定了做扫除立马就会行动起来的类型。当两个人中的一个不想做扫除的时候，就会发生以下对话。

“咱们做扫除吧。”

“再说吧，你想做你做吧。”

“不行，你也要一起做！”

“凭什么？”

只要对立一开始，两个人绝对是互不相让，最后，屋子该脏着还是脏着。

而如果扫除开始了，又很容易出现这样的对话。

“我把屋子收拾得真干净啊！”

“这次是我干活比较多好不好！”

“奇怪，是谁在刚开始的时候说不想做扫除来着？”

没错，这下屋子是打扫干净了，可是房间里的气氛变得好差啊！

像上述这样，如果双方在互不谅解的状态下进行扫除的话，最后会出现的结果可能就是两个人争得不可开交，直到其中一方败下阵来为止。

所以，两个O型血人在开始做扫除之前，应该先确立一个共同的“敌人”（目标）。

比如说，在夫妻俩一起做扫除的情况下，妻子可以“刺激”丈夫一下，“老公啊，我的朋友某某，自从他们两口子开始认真打扫他们家以后，他们家发生了不少好事呢。听说她老公在公司里也升职了呢。我前段时间去了她家一次，果然感觉她家跟以前不一样了。”这时，丈夫就会说：“是嘛，那咱们也好好打扫咱家吧，咱们不能输给人家啊！”像这样，两个人只要有了共同目标，就能够团结一致圆满完成扫除了。

关系和谐的两个O型血人的“战斗力”可是无穷的！

两个O型血人配合做扫除时，首要任务就是要避免冲突的发生。决定好由谁来做领导，找到共同目标，包容对方，时刻确保“同盟”内部的团结，这才是顺利完成扫除的关键。

“扫除力”小贴士

确定共同目标，为目标携手努力！

O型×AB型

关键在于彼此认可，心灵沟通

如果O型血人决定了今天做扫除，那他（她）会首先掌握领导权，然后给每个人分派好任务，让大家一起行动。可是，O型血人的这种做事风格却让AB型血人倍感痛苦。

前几天我看过的一个电视节目说的正好就是这种情况。一个AB型血的女孩子嫁进了一个全部由O型血人组成的大家庭里，她跟O型血的小姑子相处得不太愉快，因为这个小姑子每次大扫除时总是希望所有事情都是大家一起做。

AB型血人的性格中有希望保留自我空间的一面。在他们看来，最理想的状态是始终和他人保持一步之遥，能够按照自己的想法做事。所以，他们难以接受有人强行闯入他们的空间。但是O型血人却不理解AB型血人的这种想法，以O型血人的性格特点来说，如果他们决定了今天要大家一起做扫除，那他们就一定会要求大家都参与进扫除中去。这样一来，冲突就出现了。

因此，O型血人和AB型血人配合做扫除时，O型血人必须要认可AB型血人个人主义的那一面。AB型血人获得了认可才能发挥出能力。

另外，O型血人是典型的现实主义者，而AB型血人则总是在为理想奔忙，性格中的相反部分使这两种血型的人在日常关系中很难产生交叉点。所以，O型血人和AB型血人应当在充分认识到这一点的基础上再合作进行扫除。当然了，虽然这两种血型的人性格不同，但在合作中也不会出现完全交恶的情况。

说这两种血型的人属于完全不同的类型，其实就是说他们各自拥有对方所不具备的特质。如果能够以互补的姿态进行合作的话，O型血人和AB型血人之间可以建立起非常良好的合作关系。在实践“扫除力”方面，这两种血型的最佳合作状态就是，由AB型血人制订出理想的计划，由实干派的O型血人将计划变为现实。

在这里还需要注意的是，AB型血人最好不要强迫O型血人执行自己的计划，而是要以建议的形式与O型血人沟通，要让O型血人觉得按这个计划去做能够最快最好地实现目标。如此一来，合作扫除就不再是难题，房间自然也就能永葆清洁了。

“扫除力”小贴士

O型血人做领导，AB型血人来参谋，相互配合，完成目标！

AB 型 × AB 型

首先做到互不干涉

两个AB型血人合作扫除时，双方会各自拿出一套自认为合理的计划。当然，两个人的计划无论从效率上来说还是从内容来说，都堪称完美。可是，如果两个人都对对方的计划嗤之以鼻的话，问题就会出现了。

因此，个人保持个人的风格，不相互评价，这才是使合作顺利进行的关键。

当确定了扫除的计划之后，如果两个AB型血人出现这样的对话（以下用AB1，AB2代替）：

AB1：“我觉得这样做比较好。”

AB2：“可以啊，那我从这个部分开始做了。”

AB1：“好的。”

像这样，互相尊重是最好不过的。

当扫除结束之后，如果出现这样的对话：

AB2：“变干净啦！照你说的方法做果然进展顺利啊！”

AB1：“是吧？但是主要还是靠你帮忙啊！”

像这样，客观评价对方的工作也是不可或缺的。

从AB型血人的性格特点来说，他们都比较个人主义，平时处理问题都喜欢采取“各自为政”的态度，所以，想要拉近两个人的距离的话，双方在日常生活中都应该积极寻找能够让彼此保持一致的共同的爱好和理想。

在实践“扫除力”方面，勉强对方和自己一起行动，只会适得其反。所以，两个AB型血人在实践“扫除力”的时候，简单确定一个诸如“三天内打扫干净屋子”之类的目标就足够了。接下来，只需要注意两个问题就够了：一个是按自己的计划做扫除，不对对方的计划做评论；另一个就是扫除结束之后不无谓地评价谁打扫得更干净。不相互干涉，这才是AB型血人顺利实践“扫除力”的关键。

“扫除力”小贴士

保持一致目标，按照各自的风格做扫除就OK！

PART 5

立刻体验到“扫除力”效果的绝对法则

——实现梦想的捷径

只需5步，清除人生的负能量，获得正能量

“扫除力”与人的命运有着不可思议的联系。

关于这一点，我在前著《扫除力》一书中已经做过详细的介绍，本书旨在向大家介绍不同血型的人实践“扫除力”的要点，希望大家能够通过这本书的介绍充分发挥自己血型的特征，进一步提升“扫除力”的效果。

当然了，已经成为了“扫除力达人”的各位也可以再次回想一下自己实践“扫除力”的初衷。

有了理性判断，采取行动时才能发挥出自己的能力。

意识到这一点之后再实践“扫除力”，你会收到更富有戏剧性的成效。

好的，大家准备好了吗？

首先是热身活动。让我们从心理准备活动开始吧！

“房间是映照出你心理状态的镜子。”

人们的心理状态会通过房间表现出来。

你的房间是怎样的呢？

是不是地板上积满了灰尘，书桌上堆满了看了一半的书和DVD光盘呢？

厨房的水池里是不是塞满了用完后还未洗的餐具呢？

你要知道，这些东西都是会释放出负能量的！

正如“物以类聚，人以群分”所说的那样，如果房间中充满了负能量的话，各种负面问题也会慢慢聚集而来。在这样的房间中生活，就算你的想法再积极，你的人生也不会有所改变。空有积极的想法却总是难以实施的原因正在于此。

所以，要改变这种状况，就要首先改变房间里的磁场，就必须让正能量充满整个房间。这也是我们要进行扫除的原因。

房间变干净之后你的心才能得到净化。唯有如此，正能量才会顺利地进入你的房间。

为了实现转换磁场的目的，你需要先客观地认识目前自己房间的状况。然后，请记住自己现在的样子。

客观认识自己，这是为自己引来幸运的先决条件。

客观认识自己，你才能够制止自己向着与幸运背道而驰的方向继续滑落，也才能够踏出通往幸福的第一步。

人就是通过“有所觉醒”才能做到“有所改变”的。

我自己也做扫除，并且通过扫除证实了许多实践过“扫除力”的人们给我反馈回来的经验。所以，你无须多虑，尽管安心地按照以下列举的步骤去做吧！

你一定会看到效果的！

基础步骤1　换气

打通正能量进入房间的“通道”

实践“扫除力”的基础是“换气”。

实践换气主要有三个目的：

1. 排出室内的污浊空气；

2. 让正能量从外界进入房间；

3. 帮助你有意识地做深呼吸，消除疲劳。

打开窗，让外面的新鲜空气为房间带来正能量吧！这样一来，即使是那些什么都懒得做的人也会开始动起来的。

封闭的房间中会充满灰尘，以及人排出的二氧化碳、热量等，空气因此变得污浊。不仅如此，人的活动带起的灰尘，以及使用吸尘器时机器排出的气体都会进一步污染空气。如果污浊的空气就这样停留在房间里，会加剧房间的负面磁场。不仅如此，呼吸到污浊的空气之后，人的身体也会变差。因此，一定不要忘记，每天都打开窗户排出室内的污浊空气。

再进一步来说，我们的生存离不开呼吸。可是身处于污浊的空气之中，我们的呼吸自然就会变浅。这样一来，不仅难以消除我们身体的疲劳，还会让我们容易疲倦。

进行扫除需要扔东西，需要去污，实践这些步骤需要消耗我们的能量。因此，当你在实践“扫除力”的过程中，需要获取能量的时候，就马上进行换气，做几次深呼吸吧！吸入大量的新鲜空气会让你重新充满力量的。

实践“扫除力”的时候固然需要开窗换气，除此之外，每天有意识地进行开窗换气也会减少房间里的负能量，增加室内的正能量。

基础步骤2　丢弃

每丢弃一件废物，心情就轻松一分

丢弃，就是丢掉那些对你的人生有着负面作用的东西。

丢弃，不单纯意味着东西的减少，同样也意味着你将那些纠缠着你的旧物——垃圾、破烂儿等统统都丢掉。

进一步来说，丢弃也能帮助你甩开迷茫。

房间里摆放的东西是和你心里所装的东西成正比的。如果你的房间里堆满了东西，如果这些东西占领了你的整个房间，如果房间里净是一些连你自己都不知道有没有用的破烂儿……你可以想象一下，你的内心又会是怎样的呢？

如果那些不需要的东西所占的空间反而比你自己生活的空间更大的话怎么办呢？

垃圾也好破烂儿也好，它们都会释放出负能量。它们和你房间中其他的负能量发生源都是一样的。

不扔掉那些废物，你自己也无法获得新生。

在开始丢弃作业之前，请牢记以下几点，这样你才不会掉入“不舍得扔”这个负能量“挖”好的陷阱中。

帮助你果断实践“丢弃”的五大要点

区分“该丢弃的东西”和“该保留的东西”有以下五个判断基准。这五个判断基准的共同之处在于“是否需要”这一点。当你在为究竟扔还是不扔感到迷茫的时候，请参照这五个基准进行判断。

负能量“制造”出的那个让你无法进行丢弃的陷阱，一开始可能会非常致命，但是只要你成功地完成一次丢弃，你就会渐渐得到正能量的支援，这样你的丢弃作业就会进行得越来越顺利。

①过去——丢掉回忆与过往的荣誉

人不能生活在过去。但是，如果目前自己所处的环境比较艰苦的话，人们自然而然就会陷入对过去时光及过往荣誉的回忆中。我自己就有过这样的经历，因此我非常了解这种心态。

沉湎于辉煌的过去，真的能让你变得快乐吗？事实是，回忆只会让你的心情更灰暗、更绝望。

如果紧抱着回忆不放、依靠着回忆过活，那么无论过多久美好的未来都不会到来。所以果断地丢弃回忆，迈向全新的自我吧！

②现在——丢弃会降低自己层次的东西

旧报纸、旧杂志、几年都没有看过的光盘或书籍、长期不用的化妆品、穿不着的衣服、剩一半的点心、食物……这些都是应该丢弃的东西。

以上我所列举的都是一些我们在不知不觉间积攒下来的东西。在这些东西中，可能会有内容低俗的八卦杂志、刺激过头的恐怖电影光盘，或者内容阴暗的书籍等，这些都是会降低你的品位和层次的东西，所以一定要多加注意。

我所列举的这些东西，都是目前降低了你的层次，并且扰乱了你房间磁场的“罪魁祸首”。

容易积攒下来的东西实际上也是可有可无的东西。所以不要再犹豫了，果断地将它们全部丢掉吧！

③未来——丢弃你觉得总有一天会用到的东西

“这件衣服说不定哪天就能穿了”“这个烹饪工具还是挺方便的，说不定哪天还用得着”。当你在决定某件东西是否还需要的时候，最容易干扰你做出判断的就是这个“说不定哪天”了。

但是，这个“哪天”是绝对不会到来的。

我在这里就敢这么断言。虽然听起来有点残酷，但事实就是如此。当你对着某件衣服想，“等我瘦了就可以穿了”的时候，其实只代表着你无法接受现在的这个胖的自己，你想要逃避。把这些“哪天”才能用得上的东西统统扔掉，正视自己的现状吧。这样，你才能顺其自然地发现自己应该做的事情。

人不能活在过去当中，也不能活在虚幻的未来当中。为了获得认真活好当下的觉悟和勇气，将只存在于你想象中的那个“未来”丢掉吧！

④不安——丢弃觉得“扔了可惜”的东西

在我们舍不得丢弃某件东西的诸多理由当中，排在第一位的便是“觉得扔了可惜”。我自己也属于这种不舍得扔掉旧物的类型，所以我相当理解这种“觉得扔了可惜”的心情。

但是，我们绝不能够混淆一个问题，就是将那些不怎么会用得到的破烂以“扔了可惜”的名义留下来，与爱惜东西从根本上来说就是两码事。

那些已经用不上的奢侈品、首饰、内衣或者化妆品等，你不妨试着重新再用它们一次。我敢保证，你用它们之后心情肯定不会有所好转的。

所以，那些你不再使用的东西已经完成了它们的使命。既然它们已经失去了存在的必要，那你不妨将它们割舍掉吧！

⑤保留——留下那些不可或缺的

有些东西的存在与否是很难用是否需要这个标准判断的。这些东西就是那些可以为你提供精神支持的旧物。

如果你为是否扔掉这些东西而烦恼，并且夜不能寐的话，那么这些东西就一定是你需要的东西。旧东西并不都是一些不好的东西。如果你拿着它回忆着过去，却能够从这种回忆中获取新的力量的话，那这些东西就应该保留。

正如我多次提到的那样，实践“扫除力”是为了清除负能量，吸引正能量。所以请一定记得“丢弃”本身就是实现这个目的的一种手段。

实践步骤1　去污

将烦恼、迷茫和污垢一扫而空

去污这个行为当中包含着这样几层意义。

首先，去污具有将心灵污垢与物质上的污垢一起清除干净的效果。你可以现在马上就试一下，不管是擦桌子还是洗锅。尽可能心无杂念地去做，不知不觉中你就会忘记那些让你烦躁的事情，心情也会变得轻松起来。

细菌和污垢会释放出负能量。将它们清除干净之后，不仅是身体上的疲劳会消失，连心灵上的疲劳也可以一并消除。

去污的另外一个更为重要的意义在于，在你面对污垢、清除污垢的过程中，你会发现是什么原因造成了你现在的问题，并且最终找到解决这个问题的办法。

有一位OL，长期以来总以疲惫为理由而将厨房中要洗的东西就那样放置在水池里。她告诉我，尽管她知道必须要把这些东西洗干净，但是在面对这些东西时她就想要逃避。与此同时，她在处理工作和同龄人的分歧方面也总是想要逃避。在她读了《扫除力》一书之后，她抱着试试看的态度将水池里的东西一口气都收拾干净了。她告诉我，就在那一刻，她能够客观地去思考所有问题产生的原因以及如何去解决它们了。

发现了冲突或压力产生的原因之后，就带着轻松的心态去着手实践“去污”吧！变化一定会发生的！

简易去污技巧

去污的基本技巧有以下四点：

1. 准备扫除工具；

2. 以“从上到下”的顺序进行；

3. 针对不同污垢使用不同的洗涤剂；

4. 不必打扫干净的地方。

擦洗或清扫所需要的工具是不同的，因此为了避免从一开始就有“这也找不到那也找不到”的状况出现，在准备阶段就应该将扫除工具准备得一应俱全。

如果好不容易才将地板擦干净，擦灯时又有灰尘落在地板上的话，扫除的效果就大打折扣了。为了不做无用功，可以试着制定如“今天只擦灯”这样的一个个的小目标。

根据不同的污垢类型选择合适的洗涤剂也是提高去污效

果的要点之一。

这里还要强调一点，有的人一旦开始扫除就要一直做到连原本干净的地方都要打扫一遍为止。这样做虽然没有问题，但是却浪费时间。所以，扫除时只打扫脏的地方就可以了。

去污的最后阶段，就是将镜子、玻璃、金属、不锈钢等可以发光的东西擦到闪闪发亮为止，这样能够进一步提高正能量。厨房的水池等也要一并擦亮哦！

实践步骤2　整理整顿

为实现目标提速

为什么要进行整理整顿呢？答案是，为了提高我们实现目标的速度。

当我们想做某件事情的时候，如果找不到所必需的道具的话，我们就得浪费大量的时间先去寻找道具。那些社会上的成功人士们对整理整顿非常在行的原因就在于，他们都知道这样做可以避免时间的浪费。

整理好衣柜，你想穿什么衣服自然就一目了然；厨房的调味料各归其位，你做菜的速度自然就会加快。

整理整顿的要点在于，将东西放在该放的地方。这就需要你养成经常考虑“东西放在哪里最好”的习惯。不仅如此，你也可以假装自己在“训练”这些东西一样，一边问它们“你们想要待在什么地方”，一边进行整理整顿。这样也可以提高整理整顿的效果。

最后，如果有一些东西你无法决定放在哪里合适的话，就把它们收拾到一个可以放置任何东西的盒子里吧。认真考虑好它们在这个盒子里摆放的位置，将它们整理好吧！

实践步骤3　撒盐

让你的心情变得格外好

可能会有这样的情况发生，就是当你结束扫除以后，明明屋里已经变得很干净了，但是你仍然觉得哪里不太对劲。

造成这种感觉的原因就是房间中的某处还潜伏着负能量。

为了建立起一个完整的正面磁场，就在房间里撒上炒热的盐吧。

做法很简单。

将自然盐（注意一定要使用自然盐）放在平底锅中翻炒5分钟左右（充分干燥，直到可以听见嘎啦嘎啦的响声）。将炒好的盐撒在房间的四个角落（尽可能多撒一些），放置一定时间后再用吸尘器吸干净即可。此外，在使用水池前也可以在水池里撒上炒热的盐，最后让水流将它们冲走就可以了。

盐是具有清洁力的圣物。将盐炒至充分干燥后撒在房间里，既可以去除房间的湿气，又可以将房间中剩余的负能量一并去除。

撒过炒热的盐的房间，会带给你一种居住环境得到改善的体验。

不仅如此，当家里有客人来访之后，如果你觉得家里的磁场被打乱，觉得心情不稳定的话，也可以尝试在家里撒上炒热的盐。

坚持下去，你的心情一定会越来越好！